JN115941

鳥禽秘抄

天空より舞い降りるのは天使か悪魔か

福井栄一

「諸鳥合戦記」より

まえがき

海は有限だが、空は無限である。
空を上っていくと、宙になり、宇宙へ達する。
その途中だか向こうだかには、天界もあるらしい（行ったことはないが）。
そこを自在に飛翔する鳥たちに、人間が神秘を感じるのは、ごく自然なことだ。
本書には、鳥たちの不可思議な話を集めた。
時折、頭上を怪鳥がかすめ飛ぶことがあっても、
ひるまず最後までお読み頂けたら嬉しい。

上方文化評論家　福井栄一

目次

小鳥の章

野鳥の章

猛禽の章

水禽の章

海鳥の章

異鳥の章

中村惕斎「訓蒙図彙」（1666）より

の章

すずめ——雀

【覚書】スズメ科。「すずみ」「すずめ」として奈良時代から知られていたのに、『万葉集』に一首も詠まれていないのは不思議である。「ささ（小さい）」＋「め（群れ鳥）」という語源説がある一方、啼き声によるという識者もいる。

全長は約十五センチ。日本全国の民家近くで見ることができる。昆虫や草の種などを喰う。これに対し、ニュウナイスズメは草原や林に棲む。

◎雀の報恩——「宇治拾遺物語」巻第三第十六話

今は昔、うららかな春の日の下で、六十歳を過ぎたと思われる老女が身体についた虱を取っていると、庭で跳ね回って遊んでいた雀に向かって、近所の子どもが石を投げつけた。石は見事に命中し、雀は翼を折られて、飛び立つことができない。

と、それを見透かしたように上空で鳥が飛び回り始めたので、老婆は、

「あのままだと、鳥に捕られてしまうわい」

と憐れみ、駆け寄って拾い上げると、家の中へ持ち込んで小さな桶へ入れ、日夜世話を焼い

てやった。

子どもたちはそれを見て、

「婆さんが雀を飼い始めたぞ。物好きなことだ」

とからかった。

しばらくすると、老婆の介抱の甲斐もあって、雀は跳ね歩けるようになった。

「もしかしたら、もう飛べるのかも……」

と思い、手に乗せて庭先へ出たところ、雀は危なっかしくも飛び上がり、そのまま空の彼方へ去ってしまった。

「やれやれ、長い間、世話をしてやったのに、何とあっけない。でも、また戻って来るかもしれぬな」

と呟くと、家族の者は曖昧な返事をして笑った。

さて二十日ばかりすると、庭でしきりに雀の鳴き声がする。

「もしや、あの雀が戻って来たか」

と老婆が喜んで見に行くと、案の定、例の雀であった。

雀は老婆の顔をちらりと見ると、口から何か小さな粒を意味ありげに落とし、ぱっと飛び去ってしまった。

見れば、瓢（ひさご）の種であった。

「折角だから……」

と試しに植えてみたところ、秋にかけてみるみる大きく育ち、豊かに生い茂って、普通では考えられないくらい沢山の実が成った。

家族ではとても食べきれないので、近所の人たちにも配って食べてもらった。

そのうち老婆は、

「食べるばかりでなく、瓢箪（ひょうたん）にしてみてはどうか」

と思い立ち、格別に大きな実を七、八つ選んで、瓢箪にするべく、乾かすために家の中にぶら下げておいた。

それから数か月が経ち、

「もうそろそろ良かろう」

と思って取り下ろすと、充分に乾燥しているはずなのに、なんだか重たい。

訝（いぶか）しく思って瓢箪の口を切り開くと、中には何かが詰まっていた。

別の容器に中身をあけてみると、白米であった。

「宇治拾遺物語」より
雀の報恩

もっと驚いたことには、ついいましがた中身を全部あけたのに、空のはずの瓢箪にはまた元のように白米が詰まっているのであった。

調べてみると、他の瓢箪も同じだった。

「例の雀が恩返しをしてくれたのだろう」

と、老婆は手を合わせた。

この不思議な瓢箪のお蔭で、貧しかった老婆の家は日に日に豊かになっていった。その噂は隣村まで拡がって行った。

さて、隣村にも貧しい老婆が住んでいたが、その家族は噂を聞くと、

「あそこの家の婆さんと違って、うちの婆さんは役立たずだ」

と嫌味ばかり言った。

そこで、老婆は、金持ちになった婆さんの家に押し掛けて行って、致富(ちふ)の秘密を訊ねた。

「雀がどうのこうのというところまでは聞いたが、事情を詳しく教えてくれ」

と無遠慮に迫ったが、金持ちになった婆さんは当然警戒して、なかなか話してくれない。

しかし、あまりにもしつこく喰い下がって訊ねるものだから、とうとう経緯を全て話してやった。

すると老婆は、

「なるほど。そんなら、あたしも羽の折れた雀さえ見つけたら、こっちのもんだ」

と妙に早合点して、意気揚々と自分の村へ引き上げて行った。

それからというもの、老婆は、

「羽の折れた雀はどこだ。見つけたら、あたしが飼ってやるんだ。そうすりゃ、あたしも金持ちになれる」

と呟きながら懸命に捜し回ったが、羽の折れた雀がそうそう簡単に、都合よく見つかるはずもない。

思い余った老婆は一計を案じ、裏口近くで散らばった米を喰うのに集まっていた無垢な雀たち目掛けて、闇雲に小石を投げつけた。

すると、運の悪い一羽がその犠牲となり、羽を折られてしまった。

老婆は喜び勇んで駆け寄り、

「ひょんなことで逃げられても困るし、念には念を入れて……」

とばかりに、握って腰の骨まで折ってからようやく家の中へ連れ込んだ。

ところが……。

老婆はこれでは気が済まなかった。

「たった一羽を助けただけで、隣村のあいつはあれだけの金持ちになった。途方もない金持ちになって家族やあいつを見返してやるには、一羽では足りない。羽の折れた雀をもっと捕まえよう」

そう考えた老婆は、それからも雀を見かけては石を投げつけ、あと三羽ほどを傷つけて捕らえ、腰の骨まで折り、家でまとめて面倒をみた。

さて、しばらく経つと、そうした哀れな雀たちの傷も、どうにかこうにか平癒した。雀たちは一目散に飛び去った。

老婆は、

「さあ、恩返しの日が愉しみだ」

とほくそ笑んだ。

十日ほどすると、雀たちが戻って来た。話に聞いていた通り、銘々、口に何か咥(くわ)えており、それを地へ落とすと去って行った。

近付いてみると、瓢の種だった。

「これだ、これだ」

と老婆は小躍りし、拾い上げて、三か所へ分けて植えた。

瓢はみるみる成長したが、実は七、八つしか成らなかった。

老婆としては、白米を沢山得るため、すべて瓢箪にしたかったのだが、家族が、

「隣の村の金持ち婆さんは、自分の家族ばかりか近所の人たちにも頒けてあげていたらしいですよ。真似したらどうなんですか」

と文句を言うので、しぶしぶ数個を煮て、家族ともども食べた。

けれども、その苦くて不味いことといったらなかった。

あまつさえ、食べた全員が体調に異変をきたし、反吐を吐いて苦しみ悶えた。

一同が回復するには、数日かかった。

「こんなはずではないのだが……」

と首をひねった老婆ではあったが、

「中に白米が詰まっていく途中のものを食べたから、ああなったのだ」

と自分に言い聞かせ、残りの瓢は瓢箪にするべく吊り下げておいた。

数か月後。

老婆は、

「いよいよだ」

と胸をときめかせつつ、白米を移す桶まで周到に準備して瓢箪に近付いた。口を切って、中身を桶へあけたところ、出て来たのは白米ではなく、蜂、虻、毒虫、百足、蜥蜴、蛇のたぐいであった。

そいつらはたちまちのうちに家じゅうに拡がり、老婆はもちろん、家族たちにまで襲いかかり、全身を刺したり噛んだりして、とうとう皆殺しにしてしまったという。

◎**雀と改元**——「**水鏡**」**中巻**
天武天皇の御代(673–686)。

八月、天皇が野上の宮へ遷られた折、足が三本もある赤い雀が筑紫国から献上されたので、年号を朱雀と改めた。

◎**怪魚の正体**——「**日本書紀**」**巻第二十六**
斉明天皇四年(658)。

出雲国から報告があった。

「北海の浜に、多数の魚の死骸が打ち寄せられ、高さ三尺ほどに達しております。河豚(ふぐ)に似て、雀のような吻(ふん)をしており、鱗には数寸の針が生えています。土地の者は、『雀が海へ入ってこの魚へ化したのです。名は雀魚(すずめうお)です』と申しております」

◎**赤い雀(一)——「日本書紀」巻第二十九**

天武天皇九年(680)七月。

宮殿の南門に赤い雀が現われた。

◎**赤い雀(二)——「日本書紀」巻第二十九**

天武天皇十年(681)七月。

赤い雀が出現した。

◎**三本足の雀——「日本書紀」巻第二十九**

天武天皇十一年(682)八月。

筑紫大宰(つくしのおおみこともち)が、

「三本足の雀が見つかりました」
と奏上した。

◎雀へ転生した貴族――「十訓抄」八ノ一

ある日、藤原実方は何かのことで藤原行成に腹を立て、殿上の間で出会い頭に行成の冠をはたき落とすと、前の小庭へ投げ捨ててしまった。

ところが、これだけの恥辱を受けながらも、行成は少しも騒がず、従者に冠を取って来させて被りなおし、守刀から笄を抜いて鬢の乱れを直した。

そして居ずまいを正し、実方に言った。

「一体、どうしたことでありましょうか。このような仕打ちを受けようとは思ってもみませんでした。理由をお聞かせ下さい。この後のこともございますので……」

こうした落ち着き払った行成の態度に拍子抜けした実方は、その場から逃げ去った。

さて、たまたまこの一部始終を目にした一条天皇は、

「行成があのように殊勝な男とは知らなんだ。度量の大きいことよ」

と感心し、ちょうど空いていた蔵人頭の職へ行成を据えた。大勢の候補を差し置いての大抜

「今昔画図続百鬼」より
藤原実方の化身、入内雀

擢であった。

一方、実方についてはそれまでの中将の位を取り上げ、

「歌枕を実見してくるがよい」

と陸奥守に任じて都から追い出した。

その後、実方は都へ戻ることなく、かの地で亡くなった。

実方は、蔵人頭になり損ねたことを深く恨み、執着の心が強過ぎたために、死後、雀へ転生したという。

そして、雀に化した実方は、はるばる都の殿上の間までやって来て、小台盤（食物を乗せる小型の台）の上にとまり、盤を嘴でつついていたと、人々は噂した。

◎雀宮――「東遊記補遺」

下野国宇都宮から二里の駅を「雀宮」という。

この町には、雀宮という神社が鎮座する。

よく知られた昔話「舌切雀」には、題名の通り、糊を喰って婆に舌を切られる雀が登場するが、雀宮はその雀を祀った社なのだという。

「木曽路名所図会」より
雀宮

なお、本来ならば神主の家へ立ち寄り由緒来歴などを詳しく聞くべきだったが、馬で通りかかったこともあって何やら煩わしく思われ、ついついそのまま通り過ぎてしまった。

◎**雀の卵——「北窓瑣談」後篇巻之二**

江戸在府の折、さる宴席で手妻（てづま）を観た。

三方に乗せた重箱を取り上げて中が空であるのを見せた後、水を持って来させて重箱の内へ注ぐ。

短い竹に釣糸を結び、重箱の中へ垂らして釣り上げる仕草をすると、糸の先の針には三寸ほどの鮒がかかっている。

「これだけでは酒の肴には不足でござりましょう。何か青い物もお出し致しまする」

と言いながら重箱の中の水を捨て、代わりに砂を詰め、菜の種を蒔（ま）く。

重箱を三方へ乗せ、上から風呂敷をかけて、

「芽を出せ、芽を出せ」

と唱えから、風呂敷と重箱の蓋を取ると、砂の中からは、立派な双葉の青菜が生え出ていた。

これをつまみ取り、

「吸い物にでも致しましょうか」

と言って紙に包んで揉みしだくと、青菜は消えて雀の卵が現われた。

それを掌でそっと温め、ぱっと手を開くと、たちまち一羽の雀となって飛び出した。

実に見事な見世物であった。

訊けば、これらはあくまで技芸であって、幻術ではないという。

ちなみに、唐土の書には、後漢の左慈が術で盃を飛ばしたと記されているが、本日の出し物に較べれば、そう大したことではないように思われる。

◎雀嶋（すずめしま）――「播磨国風土記」
播磨国揖保郡（いいぼのこおり）の雀嶋は、雀がたくさん集まる嶋ゆえ、この名がある。ただし、草木は生えていない。

◎雀と蛤（はまぐり）――「甲子夜話」巻第七十六
雀は、海水に没すると蛤に化すらしい。

ある人が、捕った大蛤を開いてみると、中には、まるでつい先刻卵から孵（かえ）ったばかりと見紛う雛が屈(かが)んで入っていたという。その雛には目はあるものの、羽毛はまったく生えていなかった。

つばめ――燕

【覚書】ツバメ科。「つばくらめ」とも呼ばれた。江戸時代には、それが縮約して「つばくろ」「つば」とも言われた。「つば」は啼き声、「くら」は小鳥のことで、「め」は鳥を現わす接尾辞らしい。人家の軒下などに営巣する、身近な鳥である。全長約十五センチ。飛翔が得意で、一日の大半は空中で過ごしている。北米、アフリカ北部、ユーラシア大陸各地など、世界中で見られる。

◎燕の足――「北窓瑣談」巻之二

若狭国の渓谷には、無足の燕が棲むという。
体は、普通の燕よりやや大きいらしい。
土地の者は風鳥(ふうちょう)と呼んでいる。

「金玉ねぢぶくさ」より
燕がもたらした種から
蛇の木が生えた話

聞けば、木曽山中にもいるというが、木曽では風鳥といわず、大燕（おおつばめ）と呼びならわしている。何れも異国産の燕であろう。

◎**燕の巣**——「**楽郊紀聞**」**巻十一**

江戸から来た長五郎という下男曰く、

「このお屋敷にもう二十五、六年はお勤めしておりますが、不思議なことに燕が巣を作ったのを見たことがございません。

昔、小石川の別のお屋敷に数年勤めたことがございますが、あそこにも燕は寄り付きませんでした。『この界隈は一様にそうなのか?』と訝しく思い、気を付けて見廻ってみますと、近所の長屋などには巣作りの跡がございました。つまり、近くまでは来ていたということです。にもかかわらず、どうしてあのお屋敷にだけ巣を作らないのか……」

◎**白燕のこと**(一)——「**日本書紀**」**巻第二十七**

天智天皇六年(667)六月。

葛野郡（かずののこおり）(山城盆地の北西部)から白い燕の献上があった。

◎**白燕のこと（二）――「日本書紀」巻第三十**

持統天皇三年（689）八月。

「讃岐国御城郡（香川県木田郡三木町近辺）で捕らえた白い燕は放し飼いにせよ」

との詔が出された。

◎**継子の運命――「西播怪談実記」巻第一**

正徳年間（1711–16）のこと。

播磨国佐用郡徳久村に住む農夫、源左衛門の家に燕の番が巣を作り、数羽の雛を育てていた。

ところが、親燕のうち一羽が猫に喰われてしまった。

その後、数日は一羽だけで子の面倒をみていたが、そのうちにまた二羽の成鳥が巣へ餌を運ぶようになったので、源左衛門一家はそれを見て、

「鳥も番でないと、子育ては難しいようだな。何にせよ、後添えが見つかって良かった」

などと言いながら笑っていた。

然るに、ある朝、ふと見ると、五羽の雛が巣の中で揃って死んでいた。

「猫や鼠の仕業なら、残らず平らげてしまうはずなのに……」

と訝しがった源左衛門は、雛の死骸を手にとって調べてみた。

けれども、体には傷ひとつない。ますます奇妙である。

ただ、雛たちの口はいずれも少し開いていた。

そこで一羽の口中を調べてみると、青山椒が残っていた。これを食べたのが死因だろう。残りの四羽の口中にも青山椒が詰まっていた。

おそらく、継親がわざと青山椒を喰わせて毒殺したのだろう。

源左衛門は、

「継子が憎いのは、人間も鳥も同じらしい」

と家族や隣人たちに語った。

これ以降、源左衛門一家は燕を憎み、家へ近付けないようにしたという。

◎燕の復讐(一)――「西播怪談実記」巻第五

播磨国佐用郡西本郷村の農夫、九郎兵衛宅の縁の上には、毎年、燕が巣を作っていた。

某年も例によって春子(はるご)(春に生まれた子)を育てていたのだが、一夜のうちに雛の姿が見えなくなった。

九郎兵衛が巣の中を改めてみたが、血や羽毛が散らばるでもなく、別条はなかった。

「鼬や猫が来れるような場所でもないし……。とすれば、考えられるのは蛇だな。夜のうちに巣を襲い、雛を丸呑みにして去ったのだろう」

というのが、九郎兵衛の見立てだった。

さて、そうこうするうちに、夏子が生まれた。

春子の件が頭にあったから、九郎兵衛も巣の様子には注意を払っていた。

と、そんなある朝、九郎兵衛が起き出して戸を開けると、体長が五、六尺（約二メートル）はあろうかという蛇が、縁の敷居の傍で死んでいた。

よく見ると、蛇の腹は縦に裂けていた。

不思議に思いつつあたりを調べてみると、鴨居の上に刃針（両刃で先の尖った針）が一本刺してあり、根元は土で固めて動かないようにしてあった。

「これは親燕の仕業に違いない。喰われた春子の仇を討ったのだ。蛇がまた巣を襲うに違いないと考えた親燕が、予め刃針を仕掛けておいたのだろう。それにしても、鳥の身でありながら、なんと知恵のまわることよ」

と皆は感心した。

なお、後からわかったのだが、刃針は村の医者の処から盗んできたものらしかった。医者は、「磨いて陰干ししていたものがいつの間にか失せたので、妙だと思っていたんだ」と話した。

◎燕の復讐(二)――「牛馬問」巻之二

ある年の夏、医者某の家で、並べておいた鍼(はり)のうちの一本が紛失した。懸命に捜したがどうしても見つからなかったので、仕方なくそのままにしておいた。

さて、翌年の夏。

部屋にいて、ふと見ると、縁の上に血が滴り落ちている。怪しんで調べてみたら、大蛇が落ちて死んでいた。

思えば、某の家には毎年、燕が飛来して営巣し、卵を生んだが、その都度、この蛇に捕られて、一度も雛が孵らなかった。

それ故、燕は昨夏、某から鍼を盗んで巣に忍ばせておき、今夏、性懲りもなく蛇が巣を襲った際に仇を討ったのだろう。

うぐいす――鶯

【覚書】ウグイス科。「う」は藪、「くいす」は「喰い巣」を指すから、「藪に巣喰う」即ち「うぐいす」という穿(うが)った説もあるが、素直に啼き声に拠ると考える説が有力。古くは「ほほきどり(法吉鳥)」の呼称もあった。

全長約十五センチ。低地から山地にかけての藪に棲み、樹上で昆虫やクモなどを喰う。啼き声に特徴があるので、それで種を見分ける。

◎鶯と死児――「斉諧俗談」巻之三

孝謙天皇の御代(749―758)。

大和国の高天寺(たかまでら)の僧には愛児がいたが、ある時、急死してしまった。

亡くなった当初はひどく嘆き悲しんだが、年月が経つと、悲しみも愛児の記憶もすっかり薄れてしまった。

さて、ある年の春。

庭の梅の木に一羽の鶯が飛来して、鳴いた。

鳴き声が尋常ではなかったので、よく耳を澄ませてみると、

「初陽毎朝来不遭還本棲（しょようまいちょうらいふそうかんほんせい）」

と鳴いている。

これを和字になおすと、

「初春の　あした毎（ごと）には　来たれども　逢（あは）でぞ帰る　もとの棲（すみか）に」

という一首となった。

僧はかの愛児が鶯に化してやって来て淋しい心境を訴えたのだと悟り、改めて哀惜の念にかられたという。

◎**八尾木（やおき）のこと**――「**斉諧俗談**」**巻之四**

昔、河内国若江郡（わかえのこおり）の地に一羽の鶯が毎朝飛来し、美しい声で鳴いては人々を魅了した。

ちなみに、この鶯は普通の鶯とは違って、尾の羽根が八枚もあった。

そこで、この鳥が宿る梅の木は八尾木と呼ばれ、その木の生える里の名も同じく八尾木となった。

「斉諧俗談」より
鶯と死児

◎**土中の鶯**――「**斉諧俗談**」**巻之五**

荊州（現在の中国湖北省一帯）では、冬季の田の土中に、卵形の塊がいくつも生じる。

地元の者はこれを取って、売り物にする。

試しに塊を破ってみると、中には羽毛の生えていない鶯が入っている。

これを破らずに土中に埋めておくと、春先には羽毛が生え揃い、一人前の鶯となり土から掘り出て、大空へ飛び立つという。

◎**谷間の鶯**――「**楽郊紀聞**」**巻三**

梅野治平次という侍の話。

「先年、関所に勤めていた折、同僚中にひどく威勢がよく、幅を利かせている奴がいた。

ところが、任期が終わってそいつが去り、別の者が赴任して来ると、今までおとなしくて目立たなかった某が急に威張り出した。

そこで、俺は言ってやったよ。

『お前さんは鶯そっくりだ』と。

『どういう意味だ？』

と訊かれたので、教えてやったさ。

『鶯は谷間に沢山棲んでいるが、啼くのは決まって一羽だけだ。その一羽が人間に捕まったりしていなくなると、別の一羽がその後釜に座って、たちまち啼き始める。複数の鶯が同時に啼くことはない。面白いだろ？』

これを聞いて以降、某の増長は鳴りを潜めたよ」

◎**鶯の沙汰**——「**十訓抄**」**七ノ三十**

大中臣頼親（おおなかとみのよりちか）の屋敷の軒端の梅には、毎年、春になると鶯がやって来て、巳の刻（午前十時）頃になると、えも言われぬ美声で鳴いた。

風雅を愛する頼親はこれを何よりも楽しみにしており、今年も知人たちに、

「明日の辰の刻（午前八時）頃に拙邸へお出まし下さい。鶯の鳴き声をぜひ聞いて頂きたいのです」

と声をかけた。

そして、宿直（とのい）の伊勢出身の武士某に、

「明朝は大勢の方々が鶯の声を愛でに来られる。まちがっても、やって来た鶯を追い払うよう

なことはせぬように」

と釘を刺した。

言われた某は、

「ご心配ご無用です。鶯を他所へやるようなへまは致しません」

と胸を叩いた。

さて、翌朝。

早朝から、大勢の客が頼親邸へ押し掛けた。

そして、頼親を筆頭に一同がいまかいまかと鶯が鳴くのを待ったが、巳の刻を過ぎても、正午を過ぎても、鶯は姿を見せない。

あせった頼親は某を呼び、

「皆さんお待ちかねなのだが、困ったことに今日に限って、鶯がやって来ないのだ。お前はどこかで鶯の姿を見かけなかったか」

と訊ねてみた。

すると、某曰く、

「ああ、鶯ならば、今朝はいつもよりも早めに現われました。しかし、うかうかしているうちに帰ってしまわれても困るので、それがしが召し置いておきました」

　怪訝に思った頼親が、

「召し置いたとはどういう意味だ？」

と聞くと、
某は、

「少々お待ち下さい。直ぐに召し連れますので」

と言い残して、どこかへ去って行った。

「おかしなことを言う奴だ」

と頼親が首をひねるうち、やがて某は戻って来た。

手に何か持っているのでよく見ると、鶯を縛り付けた木の枝だった。

驚いた頼親が、

「何故そのようなことをしたのだ？」

と問うと、某は、

「昨日、鶯を他所へやるでないぞとおっしゃったので、取り逃がしては武門の恥になると思い、矢で射落(いお)としました」

と誇らしげに答えた。

これを聞いた頼親は呆れて、

「ええい、もうよい。立ち去れ」

と叫んだ。

見ていた一同はおかしくて堪らなかったが、頼親の手前、大笑いもできず、三々五々、屋敷から退出して行ったという。

◎鷲の親の知恵――「新著聞集」巻第十五

ある男の家の庭木に鷲が巣をつくり、雛を育てていた。

ある時、一匹の蛇が雛を狙って、木を登って来た。

親鷲のうち一羽は、けたたましく鳴いて、蛇を威嚇した。

然るに、もう一羽はどこかへさっと飛び去り、ほどなく戻って来た。

やがて蛇が近付き、いよいよ巣に迫ると、親鷲は、さきほど咥えて来た物を巣の縁へ置いた。

すると……。

蛇はじりじりと後退した。

そして、思い直したかのようにまた巣へ近付いたが、また後退してしまった。
そうこうするうち、見かねた男が蛇を木から引き離して、殺してしまった。
「親鸞の咥えて来た物は何だったのか」
と訝しく思って男が見ると、それは蚰蜒（げじ）だった。
蛇が蚰蜒を苦手にしていると、親鸞はどうやって知ったのだろうか。
実に不思議である。

ほととぎす——時鳥

【覚書】カッコウ科。特に詩歌の世界では古くから愛され、『万葉集』（約四千五百首）の中の鳥の和歌約五百首の内、百五十首ほどがホトトギスを詠む。呼称は啼き声によるか。なお、杜鵑、不如帰など、様々な漢字が宛てられる。

全長約三十センチ。山地の森に棲む。昆虫の幼虫をよく喰う。頭や背は灰色だが、たまに赤褐色の個体も見られる。

◎京の時鳥――「古事談」第一

二条天皇の御代（1158–1165）。

京の町を埋め尽くすかのように無数の時鳥が飛来し、激しく啼き騒いだ。

あまつさえ、喰い合って争う二羽が殿上へ落ちて来た。二羽は直ちに捕らえられ、獄舎へ送り込まれた。

この怪事に動揺した天皇はその月のうちに譲位し、翌月には崩御したという。

◎夕暮れの時鳥――「今昔物語集」巻第二十四第五十三話

一条殿（いちじょうどの）に住んでいた藤原道長が、ある日、

「日も暮れたゆえ格子戸（こうしど）を下ろせ」

と近臣に命じた。

そこで、大中臣輔親（おおなかとみのすけちか）が御簾内（みすうち）に入って格子戸を下ろしたところ、庭の木の梢で一羽の時鳥がこの時刻には珍しくもひと声啼いて、ぱっと飛び立った。

道長はこれを聞き逃さず、訊ねた。

「輔親、そちは今の啼き声を聞いたか」

輔親が跪き、

「確かに聞きましてございます」

と答えると、道長は、

「然るに歌はまだなのか」

と詠歌を急かした。

すると、言われる否や、輔親は詠じた。

「足引の　山時鳥　里馴れて　黄昏時に　名乗りすらしも」

（四月になって、山時鳥もすっかり里馴れしてしまい、ようやく黄昏時になってからこのお屋敷へ参上して、己の名を名乗っている始末です）

これを聞いた道長は讃嘆し、着ていた紅色の衣を脱いで、褒美として取らせたという。

◎**時鳥の鳴き声**――**「傍廂」前篇**

大永年間（1521−28）、八月中旬頃まで昼夜わかたず時鳥が鳴き騒いだ。

食事どきも変わらず鳴き続け、うるさくて堪らなかったので、連歌師、飯尾宗祇の弟子の宗長は、こう詠んだという。

「聞くたびに　胸悪ろければ　ほととぎす　反吐とぎすとぞ　言ふべかりける」

（食事時どきに時鳥の鳴き声を聞かされる度に、胸が悪くなって反吐が出そうなので、いっそ、あの鳥の名前は「ほととぎす」ではなく「反吐とぎす」と言い換えたらどうだろう）

また、山崎宗鑑はこう詠んだとか。

「かしがまし　この里過ぎよ　時鳥　都のうつけ　さぞや待つらん」

（ああ、やかましい。時鳥よ、いい加減、私のいるこの里を離れて、間抜けどもが今か今かと待ち受ける都へ飛んで行ったらどうだ）

そう言えば、私もかつて某所にいた頃、近所の樹に沢山の時鳥が宿って始終鳴き騒ぎ、その声のせいで頭が痛くなった憶えがある。

あとり――猟子鳥

【覚書】アトリ科。何万羽もの大群で移動することがあるから、語源は「集鳥」か。あるいは、シベリア地方から渡って来るので、「渡り」の語が転訛したのかもしれない。

全長約十五センチ。短く太い嘴（くちばし）で、硬い木の実や草の実を割って食べる他、昆虫なども餌にする。

◎猟子鳥の群飛――「斉諧俗談」巻之五

先頃、摂津国天満の寺院にて、幾千という猟子鳥が群飛した。

この群れが襲来すると、林の木々が鳥たちで覆われて見えなくなるほどだった。

そんなことが三、四日続いたという。

奇異なことなので、その地には見物人が大勢集まったそうだ。

葛飾北斎「花鳥画伝」より
雀

野鳥の章

中村惕斎「訓蒙図彙」（1666）より

はと――鳩

【覚書】ハト科。アオバト、キジバト、ドバトなどが知られる。はたはたという羽音が呼称の語源か。しばしば寺院の堂宇に棲むので安土桃山時代には「堂鳩（どうばと）」という語も生まれた。ちなみに伝書鳩に用いられるのはドバトである。ドバト（カワラバト）の全長は約三十センチ。本来の野生種は岩場などに棲むが、飼養されていた個体が逃げて野生化したものは、世界各地で見られる。

◎山鳩の怪――「古事談」巻第四

寛治元年（1091）八月十四日、源義家朝臣（みなもとのよしいえあそん）の屋敷に山鳩が飛来し、渡殿（わたどの）（建物同士を繋ぐ屋根付きの板敷き廊下）の棟にとまった。これを見た義家は、凶兆ではないかと怖れた。

また、鳩の群れが寝殿の内部へ飛び入り、長押（なげし）の上にとまって口から椋（むく）の実を三粒吐き落として頓死する怪事も起こった。

義家は、

「最近、ただですら源家を取り巻く情勢は不穏である。それに加え、八幡神のお使いである鳩が、立て続けにこうした所業に及ぶのは、凶事の前触れではないか」

と案じ、翌日の早朝には八幡宮へ使者を遣わし、銀剣一腰と駿馬一頭を奉納した。

◎**薬師寺の鳩——「今昔物語集」巻第十二第二十**

今は昔、ある日の夜、薬師寺の食堂から出火したことがあった。

食堂の南の講堂や金堂にまで火が拡がるのは時間の問題であったが、火勢が凄まじくて、僧たちはどうすることもできず、ただ嘆き悲しむばかりであった。

さて、火が食堂をすっかり焼きつくした頃、ようやく悪夢のような夜が明けた。僧たちが恐る恐る火事場を見に行ったところ、三本の黒い煙の柱が立ち上っていた。

「最早、鎮火したと思ったが……」

と訝しがって近付き、よく見れば、それが煙ではなく、無数の鳩が飛び回ってできた柱だった。金堂と東西二つの塔の周囲を鳩たちが飛び回り、火から守ってくれたのだった。

鎮守の八幡神が、伽藍を守るために神使の鳩を遣わしてくれたのに違いなかった。

また、こんなこともあった。

昔、南大門の天井の格子を拵えるというので、吉野にある寺領から三百本ほどの材木を伐り出して、筏（いかだ）に組んで近くの川まで流して来たことがあった。

ところが、あとは陸揚げを残すのみという段になって、国司、藤原義忠（のりただ）が現われ、その材木を全て内裏造営の用材に指定して、一方的に差し押さえてしまった。

寺側は強く抗議したが、国司は全く聞き入れなかった。

そればかりか、都へ運ぶ際に便利なようにと、材木を残らず川から引き上げ、寺の東の大門の前に山と積み上げて、平然としていた。

僧たちは南大門の前の八幡神に祈りを捧げ、事態の好転を祈願した。

その後まもなく、国司は、大和国金峯山（きんぷせん）参詣の帰路、吉野川へ転落して死んだ。

よって、差し押さえの件は沙汰止みとなり、用材は元通り寺の所有へ帰した。

しかも、生前、国司が人足たちに命じて、用材を東の大門の前まで運んでくれていたために、寺の工事が大いに捗（はかど）ったのであった。

なお、その際、積み上がった用材の上には、無数の鳩が飛来して、とまったという。これもまた、鎮守の八幡神の加護であったと思われる。

◎信玄と鳩――「翁草」巻之二十九

ある時、出陣を控えた武田信玄は、近臣たちがいつも以上に昂奮していることに気付いた。そこで理由を訊ねたところ、近臣の一人が言うには、

「鳩が一羽、お屋敷の庭の樹へ飛び来たからでございます。あの鳩が来た後の戦では、我等は常に大勝利をおさめて参りました。それ故、今回の戦にあたってもまたとない祥瑞であると、皆で喜んでいるのでございます」

これを聞くや否や信玄は、みずから鉄砲を取り、くだんの鳩を撃ち殺した。

戸惑う一同に向かって信玄は言った。

「この度はよいとして、今後、出陣の度に鳩が飛来する保証はない。もし何かの拍子に鳩が来なかった場合、その一事でたちどころに兵士たちの士気が下ることを、お前たちは考えなかったのか」

からす――烏

【覚書】カラス科。体色を現わす「黒し」が呼称の語源か。『古事記』『日本書紀』には既に烏を神聖視する眼差しが窺(うかが)える。後に、熊野権現の神使という地位を得て

からは、それがいっそう顕著になった。

全長約六十センチ。日本の都会でよく見かけるのは、ハシブトガラスとハシボソガラスの二種で、鳥類の中で最も高い知能を持つらしい。

◎**猿真似――「古今著聞集」巻第二十**

文覚上人が実見した出来事。

京の清滝川（愛宕山の東部めぐり保津川へ注ぐ川）の上流に、数匹の大猿がいた。一匹が、岩の上に仰向きに寝転び動こうとしない。二匹は少し離れた所でしゃがみ、身を隠していた。

しばらくすると、一羽の烏が飛来し、岩の上の猿のそばへ降り立った。そして、猿の足を嘴(くちばし)で突(つつ)いた。それでも猿が身動きしないので、烏は次第に大胆になり、脚から腹、胸と歩き上って、とうとう猿の目玉を突きほじろうとした。

と、その刹那、寝ていた猿が烏の両足をがっしり掴(つか)んでぱっと起き上がった。

そして、それにあわせて、隠れていた二匹が飛び出して来て、長い葛を烏の足にくくりつけた。

烏はしきりに羽搏(はばた)いて逃げようとするが、葛のせいで叶(かな)わなかった。

猿たちは烏を伴って川岸へ降り、一匹は葛の一端を握りしめたまま、烏を川の水へ放り込んだ。

一方、残りの猿たちはそれより少し上流へ行き、魚を追い立てた。

どうやら、人間の鵜飼をどこかで見て、それを真似ようとしているようだった。

ところが、烏は鵜ではないから、当然、泳ぎは不得手。ほどなく溺死してしまった。

すると、猿たちは、動かなくなった烏をうち捨てて、すごすご山へ戻って行ったという。

◎頭八咫烏(やたからす)のこと——「日本書紀」巻第三

険阻な山々に阻まれ、神武天皇の行軍は一向にはかどらなかった。

すると、その夜、天照大御神(あまてらすおおみかみ)の夢告があった。

「頭八咫烏〈頭の大きさが八咫「咫：親指と中指を開いた長さ」もある巨大な烏〉を遣(つか)わす故、それを道案内にするがよい」

翌朝、夢告通り、頭八咫烏が大空から舞い降りて来た。

神武天皇は、

「やはり瑞夢は本当だった。皇祖のお力添えだ」

と感激した。

この時、大伴氏の遠祖、日臣命(ひのおみのみこと)は大軍を率いていたが、天を仰いで頭八咫烏の行方を目で追いながら山道を踏み拓き、やがてついに菟田(うだ)の下県(しもつあがた)へ到達した。

道なき道を穿(うが)ちながら進んだので、この地は菟田の穿邑(うかちのむら)と呼ばれるようになった。

神武天皇は日臣命の働きを誉め、

「この度は行軍の先導の功績があったので、今後は道臣(みちのかみ)と名乗るがよい」

と言った。

◎烏の羽根――「日本書紀」巻第二十

敏達天皇の御代(572–585)。

高麗(こま)から上表文(じょうひょうぶん)(天皇へ差し出す文書)が届いた。

そこで大臣が大勢の史(ふびと)(文書や歴史的な記録を司る渡来系の氏族の者たち)を召し出して解読させたが、三日かかっても一同は首をひねるばかりだった。

ところが、船史(ふねのふびと)の遠祖、王辰爾(おうじんに)だけがこれを読み解き、奏上した。

天皇はおおいに喜び、

「大日本国開闢由来記」より
軍士を導く八咫烏

「今回の事は、汝の学識あったればこそだ。今後は殿中に近侍せよ」

と命じた。そして一方で、

「今まで何を学んできたのか。頭数ばかり揃っていても、学識は辰爾ひとりに及ばぬではないか」

と東西の史たちを叱責した。

ちなみに、多くの史たちが手こずったのは、上表文が烏の羽根に書いてあったからだった。黒い羽根に墨で書かれていたから、字が識別できなかったのだ。

然る(しかる)に辰爾は、羽根を飯の湯気で蒸し、柔らかい絹布へ押し当てて、字を写し取った。その知恵に皆は驚嘆した。

◎**烏の巣**――「日本書紀」巻第二十五

応神天皇の御代。

白い烏が現われ、宮殿に巣を作った。

◎**赤い烏（一）**――「日本書紀」巻第二十九

天武天皇六年(677)十一月。

筑紫国から赤い鳥が献上された。

そこで、大宰府の諸官へは賜禄(しろく)があった。

また、赤い鳥を捕らえた者には爵五級が授けられ、郡内の民は一年分の課役が免除された。

また、この日には大赦も行われた。

◎赤い鳥(二)——「日本書紀」巻第三十

持統天皇六年(692)五月。

相模国司が赤い鳥の雛二羽を献上し、

「御浦郡(みうらのこおり)で捕らえたものです」

と奏上した。

◎赤い鳥(三)——「日本書紀」巻第三十

持統天皇六年七月。

大赦が行われた。

過日、赤い烏を献上した相模国司、赤い烏を捕らえた某へは、授位と賜禄があった。また、御浦郡は二年にわたり課役が免除された。

◎赤い烏（四）――「斉諧俗談」巻之五

「続日本紀（しょくにほんぎ）」に拠ると、天平十一年（739）、出雲国から赤い烏、越中国からは白い烏の献上があったという。

白い烏のことは時々耳にするが、赤い烏というのは実に珍しいと思う。

◎頭の白い烏――「十訓抄」一ノ四十一

藤原盛重（もりしげ）は幼い頃、六条右大臣源顕房（あきふさ）の家来、某に召し使われていた。

然るに、ある時、主人に付き添って顕房の屋敷へ赴（おもむ）いた折、その落ち着いた立ち居振る舞いを顕房に気に入られ、以後は顕房に近侍することになった。

顕房は盛重を寵愛し、盛重もよく仕えた。

何年か経つと、盛重は思慮深い偉丈夫（いじょうふ）へと成長した。

そんなある日の朝。

手水（ちょうず）を持って顕房のもとへ行くと、顕房が盛重に向かって訊ねた。

「向こうの棟には、烏が二羽、とまっておる。そのうちの一羽の頭は、わしには白く見えるのだが、まちがいないか」

無論、盛重を試すためだった。

すると盛重は烏の方をじっと見てから、

「おっしゃる通り、まちがいございません」

と、ぬけぬけと返答した。

これを聞いた顕房は、

「実に利発な男だ。これならば厳しい世の中でも十分に出世が叶うであろう」

と目を細め、以降は白河院へお仕えするように手を回したという。

◎白烏（しろがらす）（一）——「甲子夜話」巻第四

天明の末頃（1781–1789）、京の近くで白い烏が捕れたというので、朝廷へ献上された。

皆は祥瑞だと喜んでいたが、その翌年には京で大火があり、禁裏も炎上した。

後日、松平信濃守に会った折に聞いたところによると、実家の領内では、白い烏が目撃されたら、臣下を遣わして追わせ、撃ち殺すのだという。何故なら、白鳥が城枯（しろからす）に通音するのを忌んでのことだという。

◎**白鳥（二）**――**「閑窓自語」中巻**

天明六年（1786）冬に京の山階（やましな）で捕獲され、某親王家へ献上されたという白鳥を実見する機会があった。

見たところ、翼は薄赤く、形状は鳥とは異なっており、鴟（とび）の一種ではないかと思われた。何にせよ白鳥とは呼び難い代物（しろもの）であった。

◎**白鳥（三）**――**「譚海」巻之八**

昔、出羽国のある酒屋へ、一人の農夫が白い鳥を持参した。

店の主（あるじ）や客たちが珍しがっていると、農夫が言うには、

「町の衆は白い鳥というとやたら珍しがるが、俺たちのように仕事で山中へ入る者は、しょっちゅう見かけるよ。普段は高い木の上にいるんだが、今日はどういう訳かそばで鳴いていたんで、この通り捕まえてきた」

するとこれを聞いた主が、

「お前さんたちの家で白烏を飼っても仕方あるまい。よければその烏をうちの店へ譲ってくれぬか。見物客が大勢詰めかけて、店が儲かると思うんだ」

と持ちかけた。

気のいい農夫は、

「そりゃ、もっともだ」

と快く譲ってやった。

それからというもの、その酒屋には白い烏見たさに多くの人々が詰めかけ、主の目算通り、酒がよく売れて、いい稼ぎになった。

ところが、しばらくすると白烏は死んでしまった。

その途端、客足は落ちて、店は以前の状態へ戻ってしまったという。

◎烏の鳴き声（一）――「甲子夜話三篇」巻第三十五

長崎平戸の村里では、元旦に鳴き渡る烏の声を、一番烏、二番烏、三番烏……と呼び慣わし、それを聞いてその年の作柄を占う。

一度鳴くのは不作、二度以上鳴くのは豊作の兆しなのだという。

ちなみに、今年は一番烏が三度、二番烏が四度、三番烏が三度鳴いた。

これを聞いた農夫たちは、

「昨年は不作で苦労したが、今年はどうやら豊作まちがいなしだ」

と大いに喜んだという。

◎烏の鳴き声（二）——「傍廂」前篇

和名「からす」の由来は、からからと鳴く故であろう。

異国で「う（烏）」あるいは「あ（鴉）」というのも、鳴き声に基づいた命名かと思われる。

おそよ鳥獣の鳴き声は、人間の発する言葉とは異なるものだから、聞く人の耳によって、いわばいかように聞こえるものだ。

ちなみに、「枕草子」には、

「暁がたに、ただいささか忘れて、寝入りたるに、烏のいと近くかうと鳴くに」云々とある。

◎烏の邪淫——「日本霊異記」中巻

聖武天皇の御代(724−749)。

和泉国に、血沼県主倭麻呂(ちぬのあがたぬしやまとまろ)という男がいた。

男の屋敷の門の傍(そば)には大樹があり、樹上では烏が巣を作って子を育てていた。

雌烏が卵を抱いて温め、雄烏が餌を運んで来ては、雌烏の世話を焼いていた。

ところが……。

卵が孵(かえ)ると、雌烏は、雄烏が餌探しに出掛けた隙に別の雄烏を引き入れて交尾し、そのまま連れ立って、北方へ飛び去ってしまった。こうして雛は、いともたやすく母親から見捨てられたのだった。

さて、最初の雄烏が巣へ戻ってみると、雌烏がいない。

雄烏は哀れな雛を抱きかかえ、餌も食べぬまま数日を過ごした。

やがて、心配になった倭麻呂が下人に巣の様子を確かめさせたところ、雄烏は雛を抱いたまま、息絶えていた。

雄烏の死に胸が潰れ、雌烏の邪淫に唖然とした倭麻呂は、つくづくこの世が嫌になり、すぐさま出家した。

妻子と別れ、官位も捨てて、傑僧行基の弟子となって仏道修行に専心した。

一方、残された妻は再嫁せず、一人で幼い子を育てていたが、ある年、子は重い病気で死の床に就いた。

子がせがむので乳を含ませたところ、飲みながら息を引き取った。

慟哭した彼女は家を捨て、これまた仏門に入ったという。

◎烏と数珠――「発心集」第二

摂津国の妙法寺に楽西という僧がいた。

寺の近くにやもめの老婆が侘しく暮らしていたが、ひどく貧しい生活を送っていたので、楽西は常々、気にかけていた。

ある日、檀家から沢山の餅を貰った折、老婆のことが頭に浮かんだので、わざわざ家まで届けてやったが、帰り道、長年大事にしていた数珠をどこかに落としてきたことに気付いた。

とはいえ、寺と老婆の家との間は草木が茂る山道で、捜しても見つかるとは思えなかった。

仕方がないので、数珠作りの職人を呼んで新しくあつらえる相談をしていると、一羽の烏が堂の上へ舞い降りて、咥えているものを振り動かして、からからと鳴らした。

訝しがって見れば、なんと楽西が落とした数珠だった。

楽西は、数珠が戻って嬉しくはあったが、それ以上に、

「餌と思って咥えたのだろうに、当てが外れて気の毒じゃったのぉ」

と烏に同情した。

それからというもの、楽西とこの烏は仲良しとなり、誰かが寺へ布施を持参する前には、必ず現われて、啼いて知らせた。

そして、楽西はその烏のとまる位置から、

「ははん、布施が届くまで、あと幾日だな」

と予想できるまでになった。

その烏の見事な働きぶりは、仏に仕える護法童子も顔負けであった。

◎式神返し——「宇治拾遺物語」巻第二第八話

昔、陰陽師、安倍晴明が左近衛府の詰所へさしかかった折、蔵人少将が牛車から降り、内裏へ歩み進むのを見かけた。

その時、少将の頭上を一羽の烏がさっと飛び過ぎ、少将の装束に糞をかけたのを晴明は見逃さなかった。

「あれは式神に呪われた証拠だ。あれほど見目麗しく将来を嘱望された若者が、ほどなく命を落とすことになろうとは……」

と深く同情した晴明は、思い切って少将に歩み寄り、

「失礼ながら、あなた様は優雅に参内しておられる場合ではございませんぞ。何者かがあなた様へ式神を遣わして呪っているようです。このままですと、今宵のうちにも命がなくなるでしょう。悪いことは申しません。私と一緒にお越し下さい。お命をお救いするべく、できる限りのことをして差し上げますから」と声をかけた。

少将は晴明の眼力を知っていたから、これを聞くと震え上がり、

「どうかお助け下さい。何でもおっしゃるように致します」

と答えた。

そこで晴明は、少将を牛車まで連れ戻すと一緒に乗り込み、少将の屋敷へ赴いた。

そして、少将をしっかり抱きかかえて護身の法を施し、己は夜通し呪を唱え続けた。

さて、そうこうするうちに、明け方近くになった。

すると、戸を叩く音がする。

人を差し向けて応対に出すと、戸の外で男がこう言った。

「宇治拾遺物語」より
式神返し

「私は、少将様へ式神を差し向けた陰陽師の使いです。主人の言葉をお伝えします。『この度のことは、少将様の相婿（妻の姉妹の婿）から頼まれました。なんでも、舅殿が少将様ばかりを誉めそやし、己を見下していることが我慢ならなかったのだとか。少将様を呪い殺そうと式神を送り込んだのですが、晴明殿の術が優っているが故に、式神が戻って来てしまい、今や逆に私の命が絶えようとしております』」

晴明はこれを聞き、少将に向かって、

「それご覧なさい。昨日私がお見掛けして、ご助力を申し出なかったら、あなた様はまちがいなく呪い殺されていたでしょう」

と言った。

そして、使者に人をつけて陰陽師の家まで様子を見に行かせたところ、式神を送り込んだ陰陽師は、すでに息絶えていたということだった。

この顛末を知った舅は激怒して、直ぐに相婿を追い出してしまった。

晴明は大いに感謝され、沢山のお礼を貰ったという。

なお、少将はこの後、大納言まで出世したと伝えられている。

◎**鳥と火**——「**筆のすさび**」**巻之四**

鳥の巣から火が出ることがある。また、鳥が野の焼け棒杭（ぼっくい）などを咥えて来て、家の屋根に落とすことがある。

それ故、筑前あたりでは「鳥が村落のそばに巣を作ろうとするのを見かけたら、必ず追い散らすこと」と役所から触れまで出るらしい。

きじ——雉

【覚書】キジ科。「きぎし」「きぎす」が縮約して「きじ」になった。「きぎ」は啼き声、「す」は鳥を現わす接尾辞。ちなみに、白雉は昔から祥瑞として尊ばれたが、自然界では体色が目立って天敵に狙われやすく、寿命は必ずしも長くない。全長は雄が約八十センチ、雌が約六十センチ。田畑や草原に棲む。日本の国鳥。雄の体色は美しいが、雌は地味な羽根であまり目立たない。

◎禁野のこと――「斉諧俗談」巻之四

河内国交野郡に禁野という所がある。

天子が遊猟なさる地なので、余の者の狩猟は禁じられていた。それ故、禁野と名付けられた。

ちなみに、かつて某皇子はここで狩りをした際、三本の足を持つ金色の雉を得たという。

◎鷹狩の報い――「今昔物語集」巻第十九第八話

昔、西京に鷹狩を生業にする男がいた。

家には七、八羽の鷹を置き、数十頭の猟犬を飼い、三人の息子たちにも幼い頃から鷹狩のあれこれを教え込んだ。雉をはじめ、今まで捕らえて殺した鳥たちの数は夥しいものだった。

既に老境に達していた彼は、ある時、風邪で床に臥せった。

妙に寝付かれず、明け方近くになってようやくまどろんだところ、不可思議な夢を観た。

夢の中では、己とその妻子は雉の身で、嵯峨野の大きな塚穴に長年棲んでいた。

厳しい冬がようやく過ぎ、日差しが春めいてきたので、

「日向ぼっこでもするか、それとも若菜でも摘むか」

と、穏やかな気持ちになって皆で巣穴を出て、銘々が野原で楽しんでいた。

とその時、太秦（うずまさ）の北の森のあたりで、大勢の人間の声がした。

大小の鈴の音も聞こえて来た。

さっと青ざめて、急いで高い所へ登って望見すると、鷹狩の一行であった。

数人が駿馬に乗り、腕には立派でいかにも強そうな鷹を据え、何十頭もの猟犬を従えていた。

「早く妻子を呼び戻さねば」

と思ったが、それぞれ野原で散り散りになっているので、すぐには所在がわからない。

とりあえず、己は近くの藪へ逃げ込んだ。見れば、ほど近い所に長男が隠れているようだった。

しばらくすると、沢山の勢子（せこ）がやって来て、杖で生え茂った草をなぎ倒し、猟犬を促して獲物を捜させた。

すると、中の一匹が長男の潜む藪へ近付いて行った。

長男は我慢しきれず、ぱっと空へ飛び出した。

合図を受けた者が鷹を放つと、鷹は舞い上がる長男へ襲い掛かり、腹と頭を鋭い爪で掴み、
そのまま地面へ転がり落ちた。

誰かが走り寄り、鷹を引き離すと、長男の首の骨をへし折った。あっけない最期だった。

少し離れた所にいた次男は、犬に見つかり、咥えて押さえつけられた。そして、長男と同じように、首をねじ切られて絶命した。

三男は、追い詰められて藪から飛び出た刹那、誰かの杖の一撃を喰らって死んだ。

「妻はどうしたのだろう」と見回すと、妻は犬に追い立てられる前に北の山めがけて飛び立った。すると鷹匠がこれを見つけて、鷹を放った。妻は藪へ飛び行ったが、やがて犬たちに見つかって、殺された。

そうこうするうち、自分の近くにも犬の鈴の音が迫って来た。五、六頭は来ていただろう。

どうしてもじっとしていられず、思い切って飛び出たところ、獲物を求めて上空を飛んでいた数羽の鷹がこちらへ向かって来た。地上の犬たちも追って来る。

羽も疲れ、息も切れて、どうしようもなくそこらの藪へまた飛び入った。

しかし、追跡はやまない。

またしても犬たちが鈴を鳴らして近付いて来た。

「もう駄目だ……」

と思った途端、はっと目が覚めた。

総身は冷や汗にまみれていた。

男は夜が明けるや、鷹小屋へ行って足緒を切り、鷹を残らず逃がした。犬も首縄を切って、すべて追い払った。

そして、妻子に涙ながらに夢の話を語り聞かせ、山寺へ赴いて出家したという。

◎雉と改元(一)――「水鏡」中巻

天武天皇の御代(673–686)。

朱雀改元の翌年三月、備後国から白い雉が献上されたので、朱雀という年号を白鳳へ改めた。

◎雉と改元(二)――「水鏡」中巻

天武天皇の御代。

白鳳十五年、大和国から赤い雉が献上されたので、朱鳥元年と改元された。

◎遣わされた雉――「古事記」上巻

天照大御神と高木神は、葦原中国へ遣わした天菩比神からの連絡が長らく途絶えているのを怪しんだ。

そこで、思金神（おもいかねのかみ）の進言に従って、天若日子（あめのわかひこ）を遣わした。

天菩比神の様子を探らせるためである。

天若日子は、授かった天之麻迦古弓（あめのまかこゆみ）と天羽々矢（あめのははや）を携（たずさ）えて、早速、葦原中国へ降り立った。

ところが……。

天若日子は使命をないがしろにし、あまつさえ大国主神（おおくにぬしのかみ）の娘、下照比売（したてるひめ）を娶（めと）ると、葦原中国の征服を目論んで、八年間、天上へ戻らなかった。

そこで、天照大御神・高木神は、今度は使者として鳴女（なきめ）という雉を送り込んだ。

雉は葦原中国へ降（くだ）り、天若日子の居処の門に生える神聖な桂樹（けいじゅ）にとまり、

「八年もの間、復命しないのは何故か」

と問い質（ただ）した。

これを聞いた天佐具売（あめのさぐめ）は、

「この鳥の鳴き声は不吉です。射殺（いころ）しておしまいなさい」

と勧めた。

そこで、天若日子は、かつて授かった天之麻迦古弓、天羽々矢で雉を射殺した。

雉の胸を貫いた矢はそのまま高く上がって、天（あめ）の安（やす）の河の畔（ほとり）にいた天照大御神と高木神のす

「地神五代記」より
天若日子、雉を射る

ぐそばまで達した。

高木神が矢を拾い上げると、矢羽根には血が付いていた。

矢がかつて天若日子へ授けたものと悟った高木神は、

「これが、葦原中国の悪神を射るために放たれた矢ならば、天若日子に中（あた）ってはならぬ。しかし、もしも天若日子の邪心ゆえに放たれた矢ならば、天若日子へ中れ」

と言って、天から投げ返した。

すると……。

矢は葦原中国までまっすぐに飛ぶと、寝ていた天若日子の胸板に突き立った。天若日子はその場で息絶えた。これが「還矢（かえりや）」（神へ向けて射られた矢は射手へ還る）の起こりである。

また、「雉の頓使（きぎしのひたつかい）」という語の起こりでもある。

◎白い雉（一）――「日本書紀」巻第二十五

孝徳天皇の御代（645–654）。

長門国司が白い雉を献上した。

そこで天皇が百済王（くだらのきみ）に訊ねたところ、

「後漢の明帝の永平十一年（68）に白い雉が現われたと言い伝わります」

との答えだった。

また、道登法師曰く、

「昔、高麗で寺を建てようと適地を探していたところ、突然白い鹿が現われて悠然と歩き廻ったので、その場所に寺を建立して白鹿薗寺と名付けたそうです。総じて白い動物はめでたいものです。ましてこのたび現われたのは雉。これ以上の祥瑞はございますまい」

さらに、僧旻法師の言うことには、

「人徳を具えた聖人が王者となり、その治政が天下に行き渡る時、白雉が現われると申します。この祥瑞を愛で、恩赦を行われてはいかがでしょうか」

天皇は、早速、白い雉を園へ放してやった。

◎**白い雉（二）**――**「日本書紀」巻第二十九**

天武天皇二年（673）三月。

備後国司が白い雉を亀石郡で捕らえて献上した。

そこで、その郡の課役は免除され、天下に大赦が行われた。

◎雉への転生――「沙石集」巻第九ノ十一

美濃国遠山に住む農夫の妻女の夢に、亡くなった舅（しゅうと）が現われて、こう告げた。

「実はわしは今、雉へ転生して暮らしているのだが、地頭殿が行う明日の狩りで命を落とさぬか、心配でならぬ。万一、この家へ逃げ込むことがあったら、どうかうまく匿（かくま）ってくれ。生前同様、雉の身になっても片目が潰れているから、それが目印だ。頼むぞ」

さて、目覚めた妻女が舅の身の上を気の毒に思ううち、地頭殿による鷹狩が始まった。

しばらくすると、一羽の雉が家の中へ飛び込んで来た。見れば片目が潰れている。妻女は、

「夢で見たのは、この事か」

と合点し、雉を釜の中へ入れて、蓋をして隠した。

あとを追って狩人が入って来て、捜し回ったがまさか釜の中にいるとは思いもよらず、諦めて出て行った。

やがて、夜になった。

夫が帰って来たので、一部始終を話して聞かせた。

そして、釜の中から雉を取り出して見せると、確かに片目が潰れていた。

それに、夫が撫でても怖れる様子がなかった。

「お気の毒に……」

と妻女が涙を流すと、雉の目からも涙がこぼれた。

ところが……。

夫は、

「なるほど、この雉はお父上の生まれ変わりのようだ。それにしても雉になっても片目がお悪いとはお可哀相なことだ。

それにつけても、雉のお姿でこうして現われなさったのは、貧しい我ら夫婦を哀れみ、喰われてやろうとの思し召したからではないか」

などと手前勝手な理屈をつけて、あっという間に雉の首をねじ切ってしまった。

妻女はこの仕打ちがあまりに酷(むご)いと嘆いて、家を飛び出した。

ところが、夫は逃すまいとする。

そこで妻女は地頭へ訴え出た。

事情を聞いた地頭は、

「親殺しの大罪人め」

と夫を断罪して、遠山から追放した。

一方、妻に関しては、

「情け深い、感心な者である」

として夫の家を与え、公事（くじ）も免除してやった。

◎雉の恨み――「沙石集」巻第九ノ十三

下野国に住む某は、長年、鷹狩で生計を立てていた。

ある時、重い病気に罹り、寝ついてしまったが、やがて、

「雉が腿に喰いついて離れぬ。痛くて堪（たま）らん」

とのたうち回るようになった。

看病の者が見ても、もちろん、雉などいない。

「気でも狂ったのか」

と思ったが、某があまりに訴えるので、衣の下の腿を確かめてみたところ、腿の肉が刀で切り取ったようになくなっていたという。

◎焼け野の雉――「太平記」巻第二十一

塩冶判官高貞の奥方と二人の子どもは、家臣たちに守られながら山陰道を落ちのびたが、播磨国蔭山の宿で、追手の桃井播磨守直常の軍勢に追いつかれた。

直常は奥方を生け捕りにする腹づもりだった。

直常は大軍を率いていたので、多勢に無勢かと思われたが、高貞の家臣が獅子奮迅の闘いぶりをみせたため、最初、直常軍は攻めあぐねた。

ところが、業を煮やした直常がみずから全力で攻め寄せたので、高貞の家臣たちは次々に斬り倒されていった。

そこで、残った家臣たちは、奥方やお子を刺し殺してから己も切腹して果てようと覚悟を決め、家の中へ走り込んだ。

奥方も、既に心の準備はできていた。

部屋へ飛び込んで来た山城守宗村の太刀で刺され、倒れ伏した。

これを見た齢七つの若君は、母親に泣いてすがった。

山城守宗村は涙を禁じ得なかったが、これも乱世の定めである。宗村は若君を抱くと、太刀を持ち直して、若君もろとも我が身を刀の鍔元深くまで刺し貫いて、相果てた。

そうしたところへ、何も知らぬ三歳の子が、倒れ伏す母親の衣の下へ無邪気に潜り込んだ。

そして、乳にとりすがり、血まみれになって泣き叫んだ。

八幡六郎はこの子を刺し殺そうとしたが、どうしてもできなかった。どこかの藪へでも密かに捨ててしまおうかと思ううち、好都合なことに、宿には遊行の聖がいたので、この者に子のあとを託した。

安心した六郎は戦列に戻り、敵をさんざんに斬り倒した挙句、建物に火をかけ、炎の中で切腹した。

火が収まってから、直常の兵らが焼け跡をあらためた。

まず目についたのは、さほど焼けただれてはいなかった奥方の死骸だった。焼け野の雉が雛を守ろうと羽を被せるように、奥方も何かを庇うような格好で息絶えていた。

よく見ると、奥方の腹の刺し傷からは、胎児が半分はみ出て死んでいた。

また、焼け焦げた死骸の中に、子どもを抱いて刀で刺し貫かれたものがあった。直常は、

「これが高貞だろう。ただ、顔が焼けて損なわれているから、首を取るには及ばぬ」

と誤解して、そのまま都へ引き上げて行った。

地元の村人たちはこうした惨状を見て、まるで己の親や子どもを失ったかのように嘆き悲しんだという。

◎伊福部の岳のこと――「常陸国風土記逸文」

昔、兄と妹が、

「同じ日に稲田を耕したにもかかわらず田植えが遅かった者は、伊福部の神の罰を蒙るだろう」

などと戯れに語りながら田植えに勤しんだところ、生憎、妹の田植えの方が遅かった。

すると、突如、雷鳴が轟き、妹は雷神に蹴殺されてしまった。

兄は深く悲しみ、妹の敵討ちを誓ったが、雷神の居場所がわからず困っていた。

そんな折、一羽の雌の雉が飛来して、兄の肩の上へとまった。

そこで、兄が績麻（縒った麻の糸）を雉の尾にかけると、雉は飛び立ち、伊福部の岳へ登って行った。

兄が績麻を辿って行くと、岩屋に至り着いた。見ればそこでは雷神が眠り込んでいた。

勇んだ兄は、抜刀して雷神を斬り殺そうとした。

と、その途端、雷神は目を覚まし、こう言って命乞いをした。

「どうか私の命をお助け下さい。聞き入れて頂けるのなら、今後はあなたの命に従うように致します。更に百年の後までも、あなたの一族が雷の害と無縁になることを請け合います」

兄は申し出を聞き届け、雷神を殺さずにおいた。

一方、兄は、

「私は今後、雉への恩義を決して忘れない。もし忘れるようなことがあれば、病に倒れて不幸な人生を送ることになっても構わぬ」

という誓いを立てた。

それゆえ、この地の者は今でも、雉の肉を口にしない。

らいちょう——雷鳥

【覚書】キジ科。平安時代には「らいのとり」と呼ばれていたが、江戸時代以降は「らいてう」が一般的。雷鳥は雷獣を喰うとされ、その姿を描いた画が雷除けの呪符としてかなりの普及をみた。雷への畏怖が相当大きかった証左でもある。

全長約四十センチ。日本では高山に棲み、高山植物の芽や実などを喰う。冬羽(ふゆばね)は全身が純白となり、美しい。

◎雷鳥のご利益（りやく）㈠――「古今沿革考」

雷鳥は、加賀の白山の頂上付近に棲む鳥で、形は鶏に似ている。世人は雷除けのため、雷鳥の画を家内に貼る。

かつて、後水尾法皇がみずから雷鳥の画をお描きになり、それに

「しら山の　松の木蔭に　かくろひて　やすらに住める　雷（らい）の鳥かな」

という古歌を書き添えて、親王へお遣わしになった。

世間に出回っている画は、それを真似たものだという。

なお、古書に、

「雷鳥は、西土でいう信天翁（あほうどり）なり」

という説が散見されるが、信天翁とは明らかに形状が異なっており、誤りであろう。

◎雷鳥のご利益㈡――「譚海」巻之十

加賀国白山に棲む雷鳥は、雷獣を好んで喰う。

夏、夕立が近付いて雷鳴が轟（とどろ）くと、高山の岩穴の中にいた雷獣たちは一斉に穴から首を出す。

そして、流れて来た雷雲を吸いながら空へ登り、雷とともに雲中を飛び廻る。

それ故、雷が落ちた所には必ず雷獣の痕跡が見られる。

例えば、大樹の幹には、駆け登って昇天した爪痕が残っていたりする。

雷獣は平素は弱々しく見えるが、ひとたび雷鳴を耳にすると猛々しくなり、雲気に乗って飛行する。

雷鳥は、そうした雷獣の習性をよく知っているから、雷鳴が轟くと高山へ飛んで行き、雷獣が巣穴から飛び出したところを狙い、足の爪で雷獣を引っ掴み、喰らってしまう。

雷鳥の爪は恐ろしく鋭い。熊鷹の爪といい勝負である。

毛利梅園「梅園禽譜」より
雷鳥

葛飾北斎
「花鳥画伝」より
鳩

中村惕斎「訓蒙図彙」(1666)より

猛禽の章

わし——鷲

【覚書】タカ科の内のワシ類。オオワシ、イヌワシなど、比較的、大型の種を指す。タカ類と比べると、翼の幅が広く嘴（くちばし）も大きく、より頑強な印象を受ける。動きが敏捷という意味の「捷（は）し」が語源か。例えばオオワシの全長は約九十センチ。海岸や川辺などに棲み、主食は魚である。しかし時には、鴨なども襲う。天然記念物。

◎猿の報恩——「今昔物語集」巻第二十九第三十五

九州の某村の海岸近くに住む女は、二歳くらいの赤子を背負って、隣家の女と一緒に磯辺へ出た。赤子を浜の岩場の少し平らになった所に寝かせ、浜で貝を拾い歩くうち、波打ち際でじっとしている猿を見かけた。

「浜の近くまで山裾が迫っているから、おおかた山から降りて来たのだろう」

と思いながら女二人が近付いたが、猿は逃げない。不審に思ってよく見ると、猿は大きな溝貝（みぞがい）に手を挟まれて動けないでいた。このまま潮が満ちてきたら、溺れ死んでしまうだろう。

隣人は大きな石を拾って来て、

「打ち殺して持ち帰り、焼いて喰っちまおうよ」

と言うのを押しとどめ、女はそこらの流木を貝の口に差し込んで隙間を作り、猿の手を抜いてやった。

猿は喜んで走り去った。

ところが山ではなく、岩場の方へ駆けて行く。

そして、寝かせてあった赤子を奪ってから、山の方へ逃げ込んだ。

女が仰天して、

「私の赤ちゃんが猿にさらわれた」

と叫ぶと、隣人が、

「それご覧、妙な仏心(ほとけごころ)を起こすからだよ。打ち殺しておけばよかったんだ」

と言った。

女二人は、懸命に猿のあとを追った。

ただ、奇妙なことがあった。

山中では猿は闊達自在だから、女たちを引き離して姿をくらませることは朝飯前のはずだった。

ところが、猿は女たちと常に一定の距離を保って逃げた。女たちが走り近づくと少し遠のき、疲れて歩みが遅くなると猿もゆっくり進んだ。

どうやら、どこかへ導こうとしているようだった。

やがて、猿は山中の巨木に至ると、赤子を抱いたまま登り上がった。

そして、太い枝が分かれて二股になった所に腰を据えた。

隣人は、

「あたしは村へ戻って、あんたの旦那へ知らせてくる」

と言い残して、走って帰って行った。

女が見上げて注視する中、猿は片腕でかたわらの大きな枝をたわめて握り、片方の腕で赤子を抱えた。

そして、おもむろに赤子を揺さぶり、わざと泣かせた。

赤子は大声で泣く。

しばらくして泣きやむと、また揺すって泣かせた。

それを繰り返すうち、泣き声を聞きつけた大鷲が矢のように飛んで来て、赤子を捕ろうとした。

女はこれを見て、

「嗚呼、あの子は猿に喰われるか、鷲に捕られるか、どのみち助からないんだわ」

と号泣した。

と、その時、猿は飛んで来た鷲の動きに合わせて、握っていた枝を離した。たわんでいた枝はしなって伸びて、鞭のように鷲の頭を打った。鷲は地面へ落ちて動かなくなった。

猿はこの後も、同じ要領で次々に鷲を仕留めた。

ここに至って初めて、女は悟った。

「そうだわ。猿の狙いは赤子ではなかった。私への恩返しのために鷲を捕りたかったのね」

そこで猿に向かって叫んだ。

「お前の志はよくわかったよ。もう充分だから、赤子を返しておくれ」

猿は合わせて五羽の鷲を地へ落とすと、赤子を抱いて梢から降りて来た。

そして、赤子を大事そうにそっと大樹の根元へ置くと、また登り上がって、そのまま姿を消した。

女は我が子を抱き締めて、おいおい泣いた。

やがて、息せき切って夫が駆けつけて来たので、事情を話して聞かせた。

最初は夫も半信半疑だったが、五羽の鷲が地に落ちているのを見て、納得した。夫は鷲の羽と尾を切り取り、妻は子をしっかり抱いて、三人は家へ戻って行った。

その後、鷲の羽と尾は結構な値段で売れたから、一家の暮らしはずいぶん楽になったという。

◎賊の名――「日本書紀」巻第九

熊襲国(くまそのくに)には、羽白熊鷲(はしろくまわし)という名の凶賊がいた。

強健(きょうけん)な悪党で、背には翼が生えており、大空を自在に飛翔した。

皇命には従わず、日夜、略奪や誘拐を繰り返していた。

神功皇后はこの熊鷲を討伐するべく、橿日宮(かしにのみや)から松峡宮(まつおのみや)へ遷った。

その時、にわかにつむじ風が起こり、皇后の笠が吹き飛ばされた。それ故、この地を「御笠(みかさ)」と呼ぶようになった。

やがて皇后は層曽岐野(そそきの)に至り、直ちに挙兵して熊鷲を攻め滅ぼした。

この時、皇后が側近に、

「熊鷲を討ち滅ぼせて、心が安らかになった」

と言ったので、以後この地は「安（やす）」と呼ばれた。

◎鷲にさらわれた赤子（一）——「閑田次筆」

摂津国高槻の殿様が領内で狩りをした折、山中の高い樹の上から赤子の泣き声が聞こえてきた。


怪しんでよく見ると、鷲の巣があった。

「鷲にさらわれて来たのだろう」

と憐れんだ殿様は、鷲が巣にいなかったのを幸いに、家臣を樹へ登らせ、巣を調べさせた。

すると、巣には赤子と鷲の子がいたので、赤子だけを取り下ろさせた。

見れば男児である。

殿様は喜び、さっそく屋敷へ連れ帰り、乳母をつけて養育させた。

その子はやがて利発な少年へ成長した。

殿様は少年を近習として召使い、「鷲津見（わしつみ）」という苗字と禄五十石を授けてやった。その子孫は今でも健在である。

ちなみに、東大寺の傑僧、良弁上人も、同じように、幼い頃に鷲にさらわれたところを助けられた経験を持つと伝わる。

◎鷲にさらわれた赤子(二)――「水鏡」中巻

但馬国の某の赤子が庭で遊んでいると、空から大鷲が舞い降りて来て、赤子をさらって東の方へ飛び去った。夫婦は嘆き悲しみ、娘の行方を捜し回ったが、徒労に終わった。

さて、その八年後。

某が所用で丹後国へ赴き、ある家に逗留した。

その家には女児がいたのだが、井戸で水を汲んでいると、近所の子たちがすたすたやって来て、女児の汲んだ水を横取りしようとした。

女児が抗うと、一同は、

「あたしたちに歯向かう気なの？　鷲の喰い残しの分際で生意気だわ」

と言って、引っ叩いた。女児は泣きながら家へ戻った。

これを見ていた某は、家の主に訊ねた。

「扶桑皇統記図会」より
鷲にさらわれる
幼少期の良弁

「先刻、お宅の娘さんのことを近所の子どもらが『鷲の喰い残し』と呼んでいましたが、いったいどうした訳ですか」

するとと主曰く、

「実は数年前、木に登って仕事をしていると、鷲の巣から妙な泣き声が聞こえたのです。訝しく思って近付いてみると、泣いていたのはなんと女の赤ん坊でした。鷲の親が餌として巣まで運んで来たものの、赤ん坊があまり激しく泣くものだから、鷲の子は怖れて、喰いつかなかったのでしょう。私は赤ん坊を巣から取り出して、以来、実の娘のように育ててきました。それがあの子です。村の皆はそうした事情を知っています。ですから、口の悪い子どもたちは『鷲の喰い残し』と言って苛めるんです」

驚いた某がさらに詳しく訊いてみると、主が赤ん坊を見つけた日は、某の娘が鷲にさらわれた日と一致していた。この家の子は、某の娘に違いなかった。

某は運命の玄妙さに涙した。

◎**鷲の大飛行――「甲子夜話続篇」巻第九十二**

ある日の早朝、薩摩領の浜辺にて、ある侍の十四、五歳になる息子が鷲にさらわれた。

鷲の両足に掴まれたまま、大空を運ばれていたが、そのうちに片手の自由が利くことがわかったので、脇差で刺してやろうと思ううち、鷲は高い高い樹の梢にとまって、羽を休めた。

「ここで鷲を仕留めては、自分も逃げようがない」

考えた若者はしばらく様子を伺い、鷲が再び飛び行くのに任せた。

やがて、下が平地になったので、ここぞとばかり脇差で数度刺したところ、鷲は死んで、若者は地面へ転がり落ちた。

方角がわからぬので、とにかく歩き出したが、ふと思うところがあり、立ち戻って、例の鷹の首と片羽を切り落として携えてから、また歩き始めた。

しばらく進むと森に至り、運よく一人の樵に出喰わした。

若者が、

「ご城下へ行きたいので、案内してくれ」

と頼むと、樵は、

「ご城下って、どこのご城下かね」

と、妙なことを言う。

「鹿児島のご城下に決まっておろうが」

と怒ると、樵はますます怪訝な顔をして、

「鹿児島とはどこのことかね」

と訊いた。

若者が、

「汝はこの地に住んでおりながら、薩摩鹿児島がどこか知らぬというのか」

と叫ぶと、樵は呆れて、

「薩摩と言えば、ここから何百里も離れているぞ」

と答えた。

よくよく訊けば、なんと若者がいたのは木曽の山中であった。

そこで、若者は鷹の首と片羽を見せて事情を説明した。

樵は仰天して、すぐさま庄屋の所へ案内した。庄屋は陣屋へ連絡し、役人が来て、大騒ぎになった。なお、医者が診察したところ、体には別段、異状がないとのことだった。

こうして、若者は早朝にさらわれ、その日の夕方に木曽の山中で発見されたわけだった。

自宅へ送り届けようにも数百里の距離ゆえすぐには叶わず、若者はとりあえず江戸の薩摩屋敷へ搬送されたという。

それにしても、鷲にさらわれて後の若者の振る舞いももちろん立派だが、人間ひとりを掴んだまま薩摩から木曽まで飛んだ鷲の翼の強さには驚かされる。

たか——鷹

【覚書】タカ科のうち、比較的大型のものをワシ類、比較的小型のものをタカ類という。古くから鷹狩に用いられてきたのはオオタカやハイタカなど。大空高く飛翔するから「たか」と呼ばれたか。

例えばオオタカは、全長約六十五センチ。林に棲み、他の鳥類を捕る他、兎や鼠なども襲う。ハイタカは全長約三十センチで、小鳥などを餌にする。

◎黒鷹の威勢——「楽郊紀聞」巻七

対馬、湊（みなと）村棹崎（そうざき）の岩場の中ほど、少し平らになった処に、昔から鷹が棲んでいる。地元の者は棹崎鷹と呼んでいる。そこに巣をかけ、子を生み育てている。どうやら黒鷹らしい。

　雁（かり）や鴨など他の鳥たちがこの近辺の浦津へやって来ることもあるのだが、そのたびにこの鷹が出向いて追い散らすので、懲りて全く寄り付かなかった冬もあった由。

「勢の強い鷹だ」

と、皆は舌を巻いている。

◎**白癬の妙薬**——「楽郊紀聞」巻十一

鷹の糞は、白癬（頭皮の皮膚糸状菌感染症）の妙薬である。

水で溶き、直に頭へ塗る。重症の場合には、水ではなく酢で溶く。一度塗っただけで、効果覿面である。

なお、使用する鷹の糞は、時間が経って乾燥したものでも構わない。

◎**白鷹のこと**——「日本書紀」巻第二十九

天武天皇四年（675）正月。

東国が白い鷹を献上した。

◎**熊鷹と大蛇**——「古今著聞集」巻第二十

摂津国住吉郡のある村では、人々が大蛇の害に悩まされていた。体長が一丈余もあり、耳の生えた恐ろしい蛇だった。

この蛇と目を合わせた者は必ずや病に倒れるというので、蛇が現われたと聞くや、皆は門戸を閉じて家へ籠もるほどだった。

さてある日、またしても大蛇が現われた。

村人たちは例によって家の中へ逃げ込んだ。

獲物を探すうち、大蛇は地侍の某が飼っていた熊鷹に目をつけた。

というのも、熊鷹は屋内ではなく、庭の檻の中で飼われていたからである。

檻は地面に細木を何十本も打ち込み、上に屋根を乗せたつくりだった。

大蛇は檻のそばまで這い進むと、細木の間から頭を差し入れて、中の熊鷹を呑もうとした。

熊鷹は、大蛇の頭から五、六寸下の処を鋭い足爪でむんずと掴んだ。

すると大蛇は、掴まれた処から下の胴体や尾で檻を幾重にも巻いて、ぎりぎりと締め上げた。

それが凄まじい力だったので、檻の細木はたちまち撓(たわ)み、屋根は砕け散った。

ところが、根元は地面へ打ち込んであるので、撓むのはあくまで細木の上の部分だけだった。

それ故、沢山の細木を上からぐっと握って絞ったような格好にはなったけれども、檻全体が潰れることはなかった。

と、そのうち、熊鷹は大蛇の首を喰い切ったので、檻の縛め(いまし)も解けた。

こうして、以後は大蛇の憂も失せ、村人たちは心安らかに暮らしたという。

◎鷹の秘密——「古今著聞集」巻第二十

一条天皇の御代（986–10）。

帝は一羽の鷹を秘蔵していたが、狩りに連れ出しても、鳥を捕ろうとしなかった。鷹匠たちがあれこれ手を尽くしてみたが、他の鳥に見向きもしなかった。

鷹匠たちは持て余し、くだんの鷹を京の粟田口(あわたぐち)の辻に繋ぎとめておき、とりあえず往来の者たちに見てもらうことにした。何か耳寄りな話を見聞きできるかもしれないと、期待したからである。

するとある日、田舎から馬で京へ上ってきた侍がこの鷹に目をとめた。

侍は馬から降り、鷹の周りを廻りながら眺めすかし、

「これはこれは、見事な鷹だ。ただ、見たところ、正しく調教されておらぬようだ。これでは鳥を捕ることは叶(かな)うまい。惜しいことだ」

「古今著聞集」より
熊鷹と大蛇

と口走った。

そこで、これを聞きつけた鷹匠の一人が近付き、

「実はこれは帝の鷹なのだが、貴殿のお見立て通り、どうしても鳥を捕らぬので、我々鷹匠も困っている。この際、貴殿がうまく調教なされてはいかがか。そうすれば、帝のお覚えも目出度くなろう」

と持ちかけたところ、侍は、

「願ってもないことだ」

と諾した。

鷹匠は侍の京での宿などを聞いた上でいったん別れ、すぐさま帝へ事情をご説明申し上げた。帝は喜び、鷹は侍へしばし預けられた。

それからしばらくの間、侍は鷹を仕込むことに余念がなかった。

やがて、紫宸殿の前の池の畔(ほとり)で鷹狩の上覧が行われることになった。

帝がお出ましになると、侍はまず池へ砂を撒いた。

ほどなく、それを餌とまちがえて、沢山の魚が水面へ浮かび上がってきた。

侍が腕に据えていた例の鷹は、その光景を見ると途端に勇み立ったので、侍が放つと、鷹は

たちまち水面に浮かぶ大鯉を両足で掴んで舞い上がった。侍は、ためらうことなく、その鯉を鷹へ餌として与えた。

帝をはじめ一同は唖然としていた。鷹が魚を捕った理由についてお訊ねがあったので、侍は答えた。

「この鷹はただの鷹ではございません。俗に『鶚腹の鷹』と申しまして、父は鷹ですが母は鶚なのです。ですので、狩りの際にも、最初は母たる鶚そっくりの振る舞いで魚を捕り、その後、父たる鷹の如く他の鳥を捕る習性があるのです。今までは、鷹匠の方々がそれを知らぬまま調教なさっていたので、埒があかなかったのでしょう。しかし、このこつを呑み込み、最初に魚を捕らせてしまえば、それから後はいかなる鳥も逃がさず、見事に捕ってのけることでしょう」

帝はこれを聞いて感激され、

「褒美をとらす故、何なりと申してみよ」

とおっしゃったので、侍は、

「信濃国の某郡に家屋敷と所領を賜りたい」

と願い出て、その場で許された。

侍は、後に大番役（内裏などの警固役）にまで出世したそうだ。

◎源斉頼(なりより)のこと──「古事談」巻第四

出羽守源斉頼は、若輩の頃から生涯を通して鷹飼いを生業としてきた。屋内にも十羽ほどを置き、所領でも飼っていた。

そんな斉頼は、七十歳を過ぎると両眼から鷹の嘴(くちばし)が生え出て、盲目になった。

しかし、数羽の鷹は手元に残し、朝夕、腕に据えては撫でて可愛がっていた。

さて、ある日、一人の客が一羽の鷹を持参して、こう言った。

「本日は西国の鷹をお持ちしました。貴殿はお目が不自由ゆえ、直接ご覧頂くことは叶いませぬが、それでも何かのお慰めにはなろうかと存じます」

実はこの鷹は信濃産だったのだが、客が斉頼の力量を量ろうとして、西国産と偽(いつわ)ったのだった。

病悩で鬱々と過ごしていた斉頼はこれを聞いて喜び、

「それはかたじけない。西国産でも賢いものは、信濃や奥州の鷹にも劣らぬと申しますからな。どおれ、どれほどの鷹か、さっそく確かめましょうぞ」

と言いながら病床から起き出すと、放鷹(ほうよう)の装束を身につけ、鷹を腕に据えてもらった。

そしてもう片方の手で鷹の体を探っていたが、やがてこう言った。

「やれやれ、無念なことだ。たとえ目が見えなくとも騙されはしませんぞ。これはおそらく信濃鷹でありましょう。西国の鷹はこのような骨格をしておりませぬ」

やがて斉頼は、全身から鳥の毛が生え出て悶死したという。

◎**鷹の嘴（くちばし）——「今昔物語集」巻第九第二十六**

今は昔、隋に上柱国（じょうちゅうこく）（将軍の称号）の、李寛（りかん）という男が住んでいた。

男は生まれつき狩猟が大好きで、鷹狩を生業（なりわい）にしていた。数十羽の鷹を飼い、日夜、殺生に明け暮れていた。

さて、そのうち、男の妻女が懐妊し、月が満ちて男児が生まれた。

見れば、男児の口は鷹の嘴そっくりであった。

◎**鷹と主人——「今昔物語集」巻第二十九第三十四**

鷹狩の名手であった藤原忠文（ただふみ）の屋敷に、鷹好きの重明親王（しげあきらしんのう）が突然、現われた。

仰天した忠文が、

「急なお出ましでお迎えも致しませず、失礼しました。本日のご用向きは何でございましょうか」

と訊ねたところ、親王は、

「よい鷹をたくさんお持ちと伺い、一羽譲って頂こうと思いまして……」

と申し出た。

忠文は、

「予め申しつけて頂けましたら、こちらからお屋敷までお届けしましたのに」

と恐縮し、己が最も大事にしている傑物を献上しようと考えたが、いざとなるとやはり惜しくなり、代わりに次善と思われる鷹を差し上げた。

親王は喜んで持ち帰り、早速、腕に据えて野に出た。

折しも一羽の雉が野に臥していたので、鷹を放つと、案に相違して鷹は雉を捕り損ねた。

親王は、

「よくもこんなひどい鷹を押し付けたものだ」

と立腹し、忠文の屋敷を再訪して、鷹を突き返した。

忠文は、内心、

「最上級とはいえないものの、こいつも相当に優れた鷹だ。それが雉相手にへまをするとは」

と不審に思ったが、とにもかくにも親王へお詫びして、今度はやむなく、例の秘蔵の鷹を献上した。

そこで、親王はその鷹を腕に据えてまた野へ出た。犬を向かわせ、雉が飛び上がったところへ鷹を放つと、鷹は雉には目もくれず、大空の彼方へ飛び去って行った。

親王はこれを見て、今度は何も言わず、すごすごと己の屋敷へ戻った。

こうした出来事を見るにつけても、鷹の働きは主人次第ということがわかる。名手、忠文のもとでは目覚ましく働いた鷹も、力量の劣る親王が用いると凡庸になってしまったものと思われる。

◎**鈴喫岡**（すずくいおか）——「**播磨国風土記**」

播磨国揖保（いぼ）の鈴喫岡の名の由来は、応神天皇の御代にまで遡る。天皇がこの地で鷹狩をした折、鷹に付けていた鈴が地に落ち、捜しても見つからなかった。それゆえに鈴喫岡と呼ばれるようになった。

はやぶさ──隼

【覚書】ハヤブサ科。語源は「はやつばさ（速翼）」か。飛行速度は極めて早く、獲物を見つけると急降下して襲い、鋭い爪の付いた足で蹴殺す。鷹狩に用いられる。その際の獲物は、雉や鴨などである。全長約五十センチ。海岸や大河の近くに棲む。頬にある黒い模様は髭に見立てられ、ハヤブサヒゲと呼ばれる。

◎**隼の巣──「今昔物語集」巻第十四第三十四話**

昔、京、山崎の相応寺に壱演という僧がいた。渡唐して真言を学び、帰国してからは金剛般若経の読誦に余念がなく、高僧の誉れが高かった。

さて、清和天皇の御代（858−876）。御所仁寿殿の長押に隼が巣を作った。奇異なことであるので陰陽師を召して占わせたところ、「憂慮すべき事態です。帝おんみずから、重い物忌みをなさらねばなりません」

とのことだった。

天皇は驚き、諸寺に加持祈祷を命じたが、さしたる効験も現われず、ただ怯えて謹慎するだけの日々が続いた。

ある日、見かねた近臣の一人が奏上した。

「山崎の相応寺にいる壱演という聖人(しょうにん)をお呼びになられてはいかがでしょうか。日夜、金剛般若経を読誦していると評判の者です」

そこで天皇は早速、壱演を召し出した。

壱演はすぐさま参内し、仁寿殿の巣の前で金剛般若経を熱心に転読した。

すると、四、五巻ほど誦(じゅ)した頃、隼が四、五十羽飛来して、長押の上の巣を咥(くわ)え、飛び去った。

天皇は驚愕して壱演を礼拝し、尊んだ。

褒美を授けようとしたが、壱演は辞退して退出したという。

みさご——鶚

【覚書】ミサゴ科。水沙(みさ)の際(きわ)に棲む「水沙児(みさこ)」が語源か。なお、江戸時代には、方言を中心に「びしゃご」という呼称も散見される。海浜や川辺に棲み、上空から急降下して、水中の魚を両足で掴んで捕らえる。

全長約六十センチ。海岸や川辺など、水の近くに棲む。日本全国で見られる。頭と腹は白い。

◎源馴と鶚――「古今著聞集」巻第九

後鳥羽院が鳥羽離宮に滞在中、鶚が毎日のようにやって来ては、庭の池の魚を捕って喰った。

見かねた院が、

「あの鶚を射落とせる者はおらぬか」

と武者所へお尋ねがあった。

そこで、ちょうど居合わせた源馴が御前へ参上した。

ご下命によると、

「池の魚を捕る鶚を射落とすべし。ただし、不憫ゆえ射殺してはならぬ。また、鶚に捕まった魚も助けてやれ」

とのことであった。

馴は早速、庭へ出て、鶚を待った。

しばらくすると、いつものように鶚が飛来して、水面の鯉を捕らえ、舞い上がった。

馴は弓に狩俣(かりまた)の矢(鏃(やじり)の先が二股に分かれ、内側に刃のついた矢)をつがえ、引き絞って射た。

矢は鶚に命中したかに見えたが、鶚は地に落ちることなく、そのまま飛び去った。

鯉は池へぽちゃりと落ち、白い腹を見せて水面に漂った。

それを岸へ取り寄せて、院へお見せした。

矢は鶚の両足を射切っていた。

だから、鶚は直ぐには死なず、そのまま飛び去ったのだった。

一方、足に掴まれた鯉も、からだに爪が喰い込んだままではあったが、確かにまだ生きていた。

「鳥も魚も殺さぬように」

という勅諚を守った訳である。

院はいたく感銘を受け、沢山の褒美を授けたという。

◎本間孫四郎の弓——「太平記」巻第十六

新田・足利両軍の睨み合いが続き、まだ戦端がひらかれていなかった頃、武勇で知られる本間孫四郎が馬で和田岬の波打ち際まで進むと、大きな鶚が空から急降下してきて、二尺ばかりの魚を両足の爪でがっしり掴み、沖の方へ飛び去って行った。

すると孫四郎は鏑矢を弓につがえ、遠ざかる鶚を射た。どうやら最初から生きたまま射落とすつもりだったとみえ、矢は翼の片方を射切ると、鏑（かぶら）の音高く飛び進み、足利勢の大内介（おおちのすけ）の舟の帆柱に突き立った。

そして、鶚は魚を掴んだまま、足利将軍の御座船の屋形（やかた）の上で落ちた。

これを見届けた孫四郎は大音声で呼びかけた。

「将軍家におかれては、九州からはるばるここまで上って来られたから、途中で鞆（とも）や尾道（おのみち）の傾城（けいせい）たちを大勢拾い上げ、船にお乗せになっておられることでしょう。そうした女子（おなご）どもを喜ばせる余興にと、この孫四郎が鳥と魚をいちどきにお届け申し上げた次第。どうかご受納下されい」

この孫四郎の妙技を目の当たりにして、敵も味方も、岸の軍勢も船上の兵たちも、声を上げて誉めそやした。

松川半山「日本名勝」より
「和田岬 本間孫四郎遠矢の図」

◎鶚鮓（みさごずし）——「甲子夜話」巻第三十

海辺に棲む鶚という鳥は鷹の一種だが、鳥獣ではなく魚を捕食する。

海沿いの断崖絶壁の穴を巣にしており、海で魚を捕ると、この巣穴へ運び、積み上げておいて己の餌にする。

ところで、この魚にはおのずと塩気があり、穴の中で発酵するから、人間が喰っても美味い。俗に「鶚鮓」という。

鶚がいない時を見計らって巣から取り出すわけだが、その際にはこつがある。積み上げられた魚を取るにあたっては、必ず下の方から取ること。

そうすれば、戻って来た鶚は気付かない。

ところが、うっかり上の方の魚を取ると、鶚は人間の仕業と気付き、その巣へは二度と寄り付かなくなってしまうという。

◎みさごという音（おん）——「塩尻拾遺」巻第五十四

鶚鮓というものがある。

海辺に棲む鶚が、捕って来た魚を巣穴に蓄えるうち、塩気で発酵して食べ頃の味になったものだ。

ただ、この「みさご」という音の来歴がはっきりしない。漢詩にいう雎鳩（しょきゅう）を「みさご」と訓じたとは考えにくい。ひょっとすると「みさご」は倭訓ではないのか。あるいは、「みずしゃこ」（水鷓鴣）が転じて「みさご」となったか。

とび――鵄

【覚書】タカ科。語源は「飛（と）び」か。腐肉が好物で、魚、鼠などの小動物の死骸を漁る。空中で輪を描く飛び方に特徴がある。江戸時代には「とんび」とも呼ばれた。「とんびに油揚げをさらわれる」という成句はお馴染み。全長約六十センチ。川辺や海浜などに好んで棲む。嘴（くちばし）は黒っぽく、足には他の多くのタカ類に見られる黄色みがなく、黒ずんでいる。

◎鶏と天気――「世事百談」巻之一

朝に鶏が鳴けばその日は雨天になり、夕に鳴けば翌日は晴れる。

また、朝夕以外の時間に鳴くのは、強風の兆候である。

鶏は泉や井戸の水を飲まず、雨が降ると、濡れた羽から滴(したた)る水を飲む。それ故、降雨を事前に察知して鳴くのだという。

◎柿の木の仏――「宇治拾遺物語」巻第二第十四話

醍醐天皇の御代(897―930)。

五條天神のそばに、実の成らぬ柿の大樹があった。

いつの頃からか、その樹上に仏様がお姿を現わされると評判になり、京の人々はこぞって足を運び、礼拝した。牛車や馬で訪れる者もあり、あたりは人垣ができるほどの混雑であった。

そうして五、六日も経った頃。

噂を耳にした右大臣の某は、

「どうも妙だ。このような末世に仏様が顕現なさるとはとても思えない。事の真偽を直接この目で確かめてみよう」

と思い立ち、きちんと装束を整え、大勢の供を引き連れて、牛車で現地まで赴(おもむ)いた。そして、群がる見物人たちを立ち退かせ、牛車の中から樹上の仏様を凝視した。瞬きもせず脇目もふらず、とにかく鋭い視線を浴びせ続けたのだった。

すると、樹上から花びらを降らせ、光り輝いていた仏様の姿は失せ、大きな糞鵄(くそとび)（ノスリ）の正体を現わした。

糞鳶は羽が折れて地面へ落ち、狼狽してばたばたと暴れ回った。

そこへ子どもたちが駆け寄って、打ち殺してしまった。

右大臣はその顛末を見届けると、

「思った通りであった」

と頷いて、牛車で従者たちとともに引き上げていった。

人々は右大臣の賢明さと眼力を誉めそやしたという。

◎**神武天皇と鵄——「日本書紀」巻第三**

神武天皇即位前紀戊午(ぼご)年十二月。

神武天皇軍は長髄彦(ながすねびこ)と何度も交戦したが、勝利を得られなかった。

すると、一天にわかにかき曇ったかと思うと、雹（ひょう）が降って来た。

とその刹那、金色に輝く霊妙なる鵄が一羽、舞い降り、天皇の弓の弭（はず）（弓の端）にとまった。

鵄は稲妻のような霊光を発した。

長髄彦の軍勢はこの光に目が眩み、たちまち戦意を喪失して敗れた。

こうして、天皇軍が鵄の祥瑞を得て勝利したことから、世人はこの地を「鵄邑（とびのむら）」と呼ぶようになった。

◎**白鵄のこと**――「**日本書紀**」**巻第二十九**

天武天皇四年（675）正月。

近江国が白い鵄と鷹を献上した。

◎**鵄の正体**（一）――「**十訓抄**」**一ノ七**

後冷泉院在位の折（1045–1068）、都にはたびたび天狗が出没して、世上は騒然としていた。

そんなある日、比叡山西塔（さいとう）の僧、某が都からの帰り道、東北院の北側の大路を歩いていて、集まり騒ぐ五、六人の子どもに出喰わした。

神武天皇と鵄
「扶桑皇統記図会」より

見れば、老いた一羽の鶏を幹に縛り付け、木の枝で叩きのめしているのだった。

「どうしてそんな酷いことをするのだ」

と問うと、

「今からこいつを殺して、羽根をむしり取るんだ」

と子どもたちは答えた。

憐れんだ僧は、自分が持っていた扇と引き換えに鶏を譲り受け、逃がしてやった。

さて、しばらく歩き進むと、後方の藪の中から怪しい法師がぬっと出て来て、背後からずんずん近付いて来る。

気味が悪いから、某は道の片側へ寄り、法師をやり過ごそうとした。

すると、法師はすすっと近付いてきたかと思うと、某へ向かって、

「この度は命をお助け頂き、誠に有難うございました」

と頭を下げた。

某が、

「一向に憶えがございませんが、どなた様でしょうか」

と訊ねると、法師曰く、

「先刻、東北院の北の大路で私の危難をお救い下さったではありませんか。ご恩返しをしたいので、お望みのものがございましたら、何なりとおっしゃって下さい。お察しの通り、私にはちょっとした神通力が具わっておりますから、大抵のことは叶えて差し上げられます」

某はますます怪しく思ったが、法師があまりに強調するので、

「ひょっとしたら、本当に何かしてくれるのかもしれない」

と思って、こう告げた。

「ご覧の通り、私も齢七十を過ぎ、最早、何も欲しい物はございません。後世が恐ろしいけれども、こればかりは貴殿に申し上げても、どうなるものでもござりますまい。

ただ……」

と、某は言葉を継いだ。

「お釈迦様が霊鷲山で説法をなさったご様子はどれほど素晴らしいものであったか、その一事は長年、気になっております。その真似事は叶いますか」

これを聞いた法師は、

「それはお安い御用です。物真似は我々の得意とするところですから。ついて来て下さい。早速、お見せしましょう」

と言うと、某を一乗寺の下り松の上の山中へ連れて行った。

そして、

「ここで目を塞いだまま、しばらくじっとお待ち下さい。

そして、お釈迦様の説法の声が聞こえ始めたら、目を開けて下さい。お望みの光景をご覧になれるでしょう。

ただし、お見せするのはあくまで真似事ですから、

『やれ、有難や』『尊いことだ』

などとお思いにあらぬように。

もしもそうお考えになってしまうと、我々が困るのです」

と言い残し、山の峯へと姿を消した。

某が言われた通り、目をつぶって待っていると、やがてお釈迦様と思われる説法の声が聞こえてきた。

恐る恐る目を開けると、なんとそこは霊鷲山であった。地面は瑠璃色で、木木は七宝でできていた。

お釈迦様は獅子座にいらっしゃり、左右には普賢・文殊菩薩が侍し、その前には大勢の聖衆

の方々、四天王、帝釈天などがひしめいていた。

空からは大小の白花・赤花が舞い降り、薫風が吹き寄せていた。天空では天人たちが楽を奏でて飛び回っていた。

さて、某は最初こそ、

「いやはや、よくもここまでうまく似せたものだ」

と感心しながら観ていたが、光景があまりにも真に迫っているので、段々と信仰心が嵩じてきて、とうとう身を投げうち、お釈迦様に向かって礼拝してしまった。

すると……。

その途端、あたりにはガラガラと大音響が響き、大法会の美しい景色は雲散霧消してしまった。

はっと我にかえると、某は下り松の近くの山中にいた。法師と別れた場所だった。驚き呆れるばかりであったが、いつまでそこにいても仕方がないので、比叡山を登って行った。

すると、途中で例の法師がぬっと現われた。

「あれほど約束しましたのに……。あなた様が信仰心を抑えきれずに礼拝なさるや、護法童子が天上から下って来られ、

『真面目な信者を誑かすとはけしからん』と我々を厳しくお責めになったのです。それ故、雇い集めた仲間の法師どもは、蹴散らされて、散り散りに逃げて行きました。私も片方の羽を打ち据えられて、悲嘆に暮れるばかりです」

そこまで言うと、法師の姿はぱっと消えてしまった。

◎鵄の正体（二）――「十訓抄」八ノ一

興福寺の東門院の稚児が便所でしゃがんでいるとき、春日山の方から一羽の鵄が舞い降りて来たかと思うと、稚児の前で居眠りを始めた。

なんとも薄気味悪かったので、稚児は腰刀を抜き、鵄に斬りつけた。

すると……。

稚児は前後不覚になって、倒れてしまった。刀には血がつき、あたりには鵄の羽毛が散らばっていた。

人が見つけて房へ運び入れ、早速、皆で祈祷した。

しばらくすると、稚児は目を覚ましたが、狂乱してこう口走った。

「われ忠寛は居眠りしていただけなのに、いきなり斬りつけるとは何事だ。許さんぞ」

その後も懸命の祈祷が続けられ、稚児はなんとか正気を取り戻した。忠寛の霊が離れたのである。

ちなみに、忠寛とは、生前、大和国菩提山の僧房にいた僧、忠寛正信房のことで、四六時中、居眠りしているために「眠り正信」と渾名されていた。

どうやら、鶏に転生してもなお、居眠りの癖は抜けなかったとみえる。

◎比叡山の鶏――「太平記」巻第五

最近、日吉社の社頭でも不可思議なことが起こった。

十禅師（日吉山王七社権現のひとつ）の社殿の前で、参詣の人々が神使の猿に餌をやっていたところ、多くの鶏が群れ飛んで来て、猿を追い散らし、その餌をついばんだのだった。

このようなためしは今までなかった。

◎天狗と龍――「今昔物語集」巻第二十第十一話

讃岐国に万能池という大池があった。

かつて弘法大師が、水不足に悩む農夫たちのために造ってやった池で、周囲を堤で囲ってあるとはいえ、水面はどこまでも広く、海のようであった。

また、深さも計りしれないほどだったから、無数の魚が暮らすばかりか、龍の棲み処(か)にもなっていた。

ある日のこと。

この池の龍が、ゆっくり日光を浴びようとでも思ったのか、池から出て、小蛇の姿になって堤の上で蟠(わだかま)った。

と、ちょうどその時、池の上空を旋回していた一羽の鵄が、その小蛇を目ざとく見つけ、急降下して両足で掴み、舞い上がった。実はこの鵄は、近江国比良(ひら)山に棲む天狗の化身だった。生憎、小蛇の姿なので龍は抵抗できず、ただ掴まれたまま鵄に運ばれ、とうとう比良山の洞窟へ放り込まれた。

ちなみに、洞窟内には水が一滴もなかった。それ故、龍は元の姿へ戻れなかった。このままでは早晩、鵄に喰い殺されてしまう。

さしもの龍も、この度ばかりは命の危険に怯(おび)えながら、洞窟で数日を過ごした。

ところで、例の天狗は、

「今度は比叡山から、尊い僧をさらってきてやろう」

と企み、夜になると東塔の北谷の高い樹の上から獲物を探していた。

するとと、好都合なことに、正面の僧房の縁側に一人の僧がいた。僧は縁先で用を足し、持参した水瓶（すいびょう）の水で手を洗って、いままさに中へ戻ろうとしていたのだった。

その瞬間を逃さず、天狗は樹上から素早く舞い降りて僧を引っ掴み、比良山までさらって行って、例の洞窟へ投げ下ろした。

僧は水瓶を握りしめたまま、しばし茫然としていたが、しばらく経って己の置かれた状況がわかってくると、絶望に打ちひしがれた。

その時、洞窟の奥から、

「もおし、あなたは一体どなたですか」

と声がした。

「私は比叡山の坊主です。僧房の縁先で手を洗おうとしていたところを天狗にさらわれてしまいました。何が何だかわからぬ心境です。ほら、手を洗う時に使った水瓶を、こうして握りしめたまま、あっという間に連れて来られたのです」

と事情を話した。

「それにしても、そういうあなたはどなた様で？」

と訊ねると、声の主は、

「私は讃岐国の万能池に棲む龍です。小蛇の姿でいた時に天狗に捕まり、このざまです。しかもここには水が一滴もないから、神通力を発揮して空へ飛び出すことも叶いません」

と嘆いた。

すると僧は、

「ああ、ちょっとお待ち下さい。ひょっとしたら、私の水瓶を調べてみます。たとえ数滴でも水が残っていたら良いのですが……」

小蛇はこれを聞くと色めき立ち、

「私は水がないままここで数日を過ごし、命がいつ絶えてもおかしくないほど追いつめられています。もしも水が少しでも残っていたら、頒けて頂けませんか。神通力が戻ったあかつきには、あなた様をここから救い出し、お好きな所までお連れしますので……」

と懇願した。

こう言われて、僧が祈りながら水瓶を傾けたところ、中から水が数滴、滴り落ちたので、早速、小蛇へ与えた。

すると……。

龍はたちまち神通力を取り戻し、小蛇から小童へ姿を変え、

「あなた様のご恩は決して忘れません。とにもかくにも、まずここから出ましょう。目をつぶって、私の背にお乗り下さい」

と告げた。

僧がその背にしがみつくと、小童は洞窟を蹴破って、空高く飛び出た。

空には黒雲が立ち込め、雷鳴が轟き、豪雨となった。

僧は恐ろしくて堪らなかったが、龍を信頼して目を閉じたままだった。

そのうち、あっという間に小童は比叡山に至り着いた。そして、僧を元の縁側まで送り届けると、飛び去って行った。

あたりが凄まじい雷鳴に見舞われたので、僧房の他の僧たちはてっきり落雷があったものと思っていた。

しばらくすると嘘のように晴れたので、おそるおそる僧房の外を覗いてみると、縁側には、過日突如として行方不明になった僧が立っていた。

僧が事情を話して聞かせると、一同は仰天し、不思議がった。

さて、龍はかの天狗への報復を誓い、行方を捜し求めた。

そして、ほどなく、京で勧進僧に化けた天狗を見つけた。

龍は大空から舞い降りると、天狗を蹴り殺した。

天狗の遺骸は羽の折れた糞鵄(くそとび)へ変じ、往来の人たちの足蹴(あしげ)にされた。

なお、例の僧はこの一件の後、龍の恩に報いようと、仏道修行にいっそう専心したという。

◎鵄と箸――「閑田耕筆」巻之三

「背に真魚箸(まなばし)（魚を料理する時に使う鉄製の箸）が突き立ったまま平気で飛び回る鵄がいる」

と人から聞いたことがある。

箸が刺さったのは随分以前のことらしく、木製の柄(え)は朽(く)ち腐り、箸本体の鉄の部分は錆びていた。

調理中の魚を狙って近付き、料理人に箸で背を刺され、箸が背に突き立ったままで飛び去ったのだろう。

◎鵄の落とし物――「北国奇談巡杖記」巻之五

若狭国の北方に能登野という処がある。

ここに山田某という医師が住んでいた。

ある時、門前で寛（くつろ）いでいると、一羽の鵄が飛来して、往来に何やらぼとりと落とすと、そのまま飛び去って行った。

訝（いぶか）しがって近付いて見ると、七寸ばかりの巾着袋だった。

開けてみると、中には玉印が二つと、釚（つく）（弓の両端に被せる金具）が一つ入っていた。

玉印の片方には、

「唐太子劉王武」

の六文字が篆書で彫ってあった。

もう片方には、

「竜翼麟羽」

の四文字が刻んであった。

それらの品の高雅なこと、比類がなかった。

その筋の目利きに見せたところ、

「巾着は、おそらく海虎（らっこ）の革でしょう」

とのことだった。

「あの鵯はこれらの品々をどこで拾ったのか。また、あの時、往来へ落としたのは何故か」などと、あれこれ詮索してみたが一向にわからないので、結局、そのまま珍蔵したという。

ふくろう——梟

【覚書】フクロウ科。呼称の語源は啼き声か。フクロウ科の鳥の内、耳羽（耳を覆う短い毛）のないものをフクロウ、あるものをミミズクといって区別するが、あくまで一般論であって例外も少なくない。

全長約六十センチ。蛙、野兎、鼠などを餌にする。音もなく飛翔するので、狙う獲物に気付かれにくい。目は大きく、暗い処でもよく見える。

◎**梟は不孝な鳥か——**「燕石雑志」巻之五下冊追加

どうやら梟は、不孝な鳥であると思われる。

雛の時から既に、隙あらば父母に喰いっこうとしている。

そもそも和名の「ふくろう」からして、「父喰らう」すなわち「親を喰らう」という意味だろう。

ところがこの悪鳥も、己の子を愛育することにかけては、他の鳥にひけをとらないらしい。

かつて某所の茶店の主が軒先に梟の雛を乗せて飼っていたところ、母梟はそこから十歩くらい離れた梅樹に宿り、朝昼はそこから始終、雛を見守り、夜にはひっきりなしに雛へ餌を運んでやっていたそうだ。

◎倉の梟——**「日本書紀」巻第十四**

皇極天皇三年(644)三月。
豊浦大臣(蘇我蝦夷)の難波大津の家の倉に梟が巣を作り、子を産んだ。

◎白い梟(一)——**「日本書紀」巻第二十九**

天武天皇十年(681)八月。
伊勢国から白い梟が献上された。

◎白い梟(二)——**「甲子夜話続篇」巻三十九**

ある時、浪花で白い梟が見つかった。

博学で知られる木村蒹葭堂曰く、

「常夜の国から飛来したのではないか。極陰の境にいるものは身が白くなるという。万里を旅してここまで辿り着いたのだろう」

これを聞いて思い出したことがある。

あくまで伝聞なのだが、富士山のふもとの人穴へ入ると、五間（一間は約一・八メートル）ほど地底へ下ると、五町（一町は千二百メートル）ほど横穴が続く。そこを往くと、やがて巨大な鍾乳洞に突き当たる。太さは五抱えほどもある。

その更に奥が、富士川の源流だという。

そして、あたりには蝙蝠、小鳥、蛇、百足などが棲むが、いずれの体も白いらしい。

さきほどの梟もそうだが、およそ陰界の生き物は、そうやって体が白くなるのだろうか。

◎**梟の秘密**――「**北窓瑣談**」**巻之一**

出羽国の某寺の庭に、幹が半分に折れて朽ちた椎の大樹があった。

さすがに見苦しいというので、ある日、寺僧が人足に掘り取らせたところ、朽ちた幹の穴から、雌雄の梟が飛び去って行った。

あとを見ると、三つの盛り土があり、いずれも梟の形をしていた。中の一つには早くも羽毛が生え出しており、嘴(くちばし)や足も具わっていた。どことなく生気が感じられて、今にも動きだしそうだった。

三つとも、大きさは親梟と変わらなかった。

ちょうど寺に逗留していた雲水にこれを見せると、

「そのようなものがあると噂には聞いてはいたが、まさか実物を目にできるとは思いませんでした。古歌には、

『梟の　あたため土に　毛が生えて　昔の情け　今のあだなり』

とうたわれています。

梟は、土をこねて子を作るようです」

と言いながら、目を丸くした。

葛飾北斎
「花鳥画伝」より
熊鷹

中村惕斎「訓蒙図彙」（1666）より

水禽の章

【覚書】ウ科。語源ははっきりしない。一説には、「浮」の意とも言われる。あるいは、この鳥の羽根で産屋を葺いたという神話にちなみ「産」と呼ぶか。鵜を用いて魚を捕る鵜飼は、既に奈良時代には行われていた。

全長約九十センチ。ウミウは海岸の岩場に棲み、群れを作って魚群を取り囲んで捕る。カワウは川や湖などで、潜って魚を捕る。

◎**鵜の大群**──**「甲子夜話続篇」巻三十四**

さる十一月七日の夕刻、鵜の大群が南から北へ向かって飛び進んだ。その数は数万をくだらなかったと思われる。

二群あり、片方は縦三町（一町は、約一〇二メートル）・横一町半、もう片方は縦二町・横一町ほどの規模であった。

これだけ多数の鵜の群飛は例がなく、空を覆いつくすばかりであったという。

朋誠堂喜三二「親敵討や腹鼓」より
真っ二つに切られた「ウサギ」が
「ウ」と「サギ」に変ずる場面

◎**対馬の鵜(一)――「楽郊紀聞」巻十**

対馬、仁位下村の農夫は、生け捕りにしてきた鵜に緒を結わえ付け、川へ潜らせて魚を獲る。漁が済み、夜になると緒を厩の柱に結んでおく。

こうして数日経つと、放し飼いにしても逃げなくなる。

明るいうちは川や海で魚を獲り、夜になるといつもの厩の屋根にとまって休む。決して他所へは行かない。

このように人間に馴れ易い習性だからこそ、各地の鵜飼が成り立つのだろう。

◎**対馬の鵜(二)――「楽郊紀聞」巻十**

鵜の糞は、専ら沢瀉の肥料にする。他の水草や稲作にも有効だ。

稲に用いる時は、まず糞を水で溶き薄め、種籾をしばらく浸けおいてから、苗代へ蒔くとよい。

「他国のように、多葉粉栽培の肥料にも使うのかね?」

と訊ねてみたところ、

「他所のことは知らんが、少なくとも対馬では使わないね」

という返事だった。

おしどり——鴛鴦

【覚書】カモ科。古くから、「をしどり」の他、「をし」とも呼ばれる。『万葉集』にも登場する呼称である。雌雄の仲が良いとされ、「雌雄相愛す」から「をし」とされたか。

全長約五十センチ。冬には都会の池などでも見られる。ドングリなどの木の実を好んで喰う。雄は、オレンジ色の飾り羽根が美しい。

◎**夫婦愛——「古今著聞集」巻第二十**

ある日、陸奥国田村郷の住人、某は鷹を伴って猟に出た。

しかし生憎、一羽も獲れず、とぼとぼと帰路についたのだが、途中、赤沼にさしかかった折、湖面に遊ぶ鴛鴦のつがいを見つけた。

そこで雄鳥を射て、鷹へ餌として与え、その喰い残しの肉は餌袋へ放り込んで帰宅した。

すると、翌晩、某の夢枕に美しい女が現われ、さめざめと泣いた。

某が訝しがって、

「お前は何者だ。どうしてそんなに泣いているのだ？」

と問うたところ、

「長年連れ添った夫が、昨日、赤沼で殺されてしまいました。何の罪科もなかったに、どうしてあんな目に……。悲しみにあえぐ私も、早晩、息絶えることでしょう」

と女は答え、一首を詠じて泣きながら去って行った。

「日暮るれば　誘ひしものを　赤沼の　真菰がくれの　独り寝ぞうき」

（かつては日が暮れると誘い合わせて共寝していたのに、夫が亡くなってからは、赤沼の真菰の蔭で淋しく独り寝するほかないので、辛くて仕方がない）

不思議に思ううちに一、二日過ぎ、某が餌袋の中をふと覗くと、一羽の雌鳥が雄鳥の嘴を咥えて死んでいた。

某はこれを見るや、その場で己のもとどりを切り、出家したという。

かも——鴨

【覚書】カモ科。カモ類は、カモ科の中でもガン類よりも体が小さく、首も短い。「浮かぶ」→「うかむ」→「かむ」→「かも」という説がある一方、啼き声に基づくという説も根強い。ちなみに、アヒルは家鴨と書く。マガモの場合、全長約六十センチ。夜、水田に落ちた種や草の実などを喰う。マガモから作出されたアヒルには、アイガモ、コールダックなどの種がある。

◎**鳴鴨（なきがも）の香炉**——「**甲子夜話三篇**」**巻第二十二**

鳴鴨の香炉は、不浄ということで床飾（とこかざり）にはしないそうだ。不浄と言われる原因は、その形状にある。両足を揃え、首を伸ばして鳴く姿は、鴨が脱糞する時の姿と同じだといって敬遠されるのだ。

◎**鴨罠（かもわな）のまじない**——「**甲子夜話三篇**」**巻第七十二**

鴨を捕るには、鴨罠が用いられる。

長い糸に鳥黐を塗って張り設けて、飛び立つ、あるいは降りて来る鴨を捕る。

ちなみに、この長い糸がもつれ、まごつくことが少なくない。

そんな折には、

千早ぶる　神代もきかず　龍田川　からくれなゐに　水くくるとは

という在原業平朝臣の和歌を三度唱えてから取り組むと、絡んでいた糸が嘘のように鮮やかにほどけるのだという。

◎賀毛郡のこと——「播磨国風土記」

播磨国のこの郡が賀毛と名付けられたのは、応神天皇の御代に、この地の村に鴨の番が営巣して卵を産んだからである。

なお、応神天皇がこの地を巡行した折、鳥が二羽、樹にとまった。

天皇が名を訊ねると、近臣が、

「川に棲む鴨という鳥でございます」

と答えた。

そこで勅して射させたところ、放たれた一本の矢が二羽に命中した。

その際、矢を受けたまま飛び越えた山の峰を鴨坂(かもさか)、落ちて死んだ所を鴨谷(かもだに)、仕留めた鴨の肉を煮た所を煮坂(にさか)と名付けた。

◎鴨野(かもの)のこと――「常陸国風土記」

常陸国行方郡(なめかたのこおり)に鴨野という所がある。

かつて倭武(やまとたける)がこの地に辿り着いた時、鴨が空を横切った。

そこで倭武がみずから射ると、鴨は弓の弦の鳴動に照応して、地に落ちた。

それゆえ、鴨野という。

ここは土地が痩せていて、草木は生えていない。

かり――雁

【覚書】カモ科のガン類の古名。同じカモ科のカモ類よりも大型。啼き声が呼称の語源か。なお、「雁が音(ね)」は、当初は文字通り雁の啼き声を指したが、やがて「カリガネ」という一種名にもなり、更に雁自体の呼称にもなった。

例えばマガンは、全長約七十五センチ。冬になると、シベリア地方から北日本へ渡って来る。水田で、落ちた種などを喰う。天然記念物。

◎**雁卒塔婆のこと**――「斉諧俗談」巻之四

河内国讃良郡中野村の猟師が、ある時、雁の番を見つけて射たが、一羽しか射落せなかった。仕留めた雁に近付いて見ると、不審なことに雁の首がなかった。

さて、翌年。

同じ場所で雁を見つけて、射た。

地に落ちた雁を見ると、別の雁の首を抱いていた。

猟師はそれが昨年ここで己が射た雁のものだと悟り、たちまち発心して出家した。そして、その地に供養の卒塔婆を立てた。

世人はそれを雁卒塔婆と呼んでいる。

◎**雁の乱れ**――「古今著聞集」巻第九

後三年の役で源義家軍が敵方の城へ攻め寄せた折のこと。

いままで一列に並んで飛んでいた雁が、刈田（刈り入れの済んだ稲田）へ下りる段になって急に列を乱し、そのまま飛び去った。

これを見た義家は、師の大江匡房の言葉を思い出した。

「軍兵が野に潜んでいる時、飛雁は怖れて列を乱す」

そこで、この先に伏兵ありと察知した義家は馬をとめ、軍勢を分けて、取り囲むようにして行軍したところ、案の定、三百ほどの伏兵がわらわらと現われ、争闘となった。

しかし義家の事前の采配により、奇襲の効果は皆無だったから、敵軍は敗退した。

「師の教えがなかったならば、危ないところであった」

と義家は嘆息した。

◎**雁の運命**――**「十訓抄」二ノ二**

昔、荘子が山中を往くと、木を伐る者がいた。

見れば、まっすぐ伸びた木は伐り倒し、曲がった木はそのまま残していた。

また、荘子がある者の家に泊めてもらった際、主人は雁を二羽飼っていたのだが、よく鳴く方は残し、あまり鳴かない方は殺してしまった。

こうした様子を目の当たりにした弟子は、師の荘子に訊ねた。

「山中の木は、まっすぐだと伐られ、曲がっていると伐られませんでした。雁は、よく鳴く方が生き残り、あまり鳴かない方は殺されました。優れているから命を失ったものがある一方、いまひとつであるが故に殺されるものもある。一体どう考えたらよいのでしょうか」

すると荘子は、

「世の中とはそうしたものじゃ」

と答えた。

◎**鴈風呂**（かり）——**「西遊記」巻之二**

雁の小鳥が北方から日本へ渡る際、途中で羽が疲れて海中へ落ち込むことを慮り（おもんばか）、あらかじめ枯木の枝を咥えて飛び立つ。

渡海の途中で羽が疲れてきたら、枝を海面へ落とし、浮かんだ枝に下りて休み、力が回復したら枝を咥えて、また飛んで行く。

それ故、北海辺では、秋の初めに雁が渡って来ると、海浜が雁の捨てた枯れ枝でいっぱいになる。土地の者はそれを拾い集めて風呂を焚く。

これを雁風呂（鴈風呂）という。

◎雁の首の金——「想山著聞奇集」巻之四

文化八年（1811）の冬のこと。

伊勢国神戸宿の隣村に住む老農、久兵衛は、年貢の払いに困り、四日市屋の市郎兵衛宅を訪れ、娘を身売りして六両二分の金子を得た。

金子を財布に入れて懐中へおさめ、帰路を急いでいたところ、さしかかった桑畑で、張られた縄に足が絡まってばたついている一羽の雁を見つけた。

これ幸いと捕まえ首をねじ切ろうとしたが、生憎、他人が通ったので、見咎められても困ると思い、慌てて生きたままの雁を懐へねじ込み、暴れないように財布の紐で首を縛っておいた。

それからしばらく歩み進むと草鞋の紐が緩んだので、なおそうとして屈みこんだところ、雁がばたばたと暴れ出て、首に財布を引っ掛けたまま、空へ舞い上がってしまった。

しばらく追いかけたが、老人の走りで飛ぶ鳥に追いつけるはずもなく、とうとう見失ってしまった。

久兵衛は地に倒れ伏して、男泣きに泣いた。

いっそ死んでしまおうかとも思ったが、帰りを待つ家族に事の次第を伝えてやらねばと思い直し、急いで帰宅して、正直に真相を告げた。

これを聞いた妻女は号泣し、

「つまらぬ殺生をしようとした罰だ」

となじったが、あとの祭りである。老夫妻は茫然と座り込むほかなかった。

さて、久兵衛宅から北へ二里ほど離れた所には、猟師の某が住んでおり、いつものように早朝から雁や鴨を捕りに出掛けたが、今日に限ってはまったく捕れない。

「どうしたものか……」

と思っていたが、そのうちに一羽だけではあったが、雁を小溝へ追い込むことができた。徐々に追いつめて、ようやく掴み、首をねじ切ったが、首に何やらまとわりついているので、不審に思って確かめてみると、なんと財布であった。

しかも、中には六両二分もの大金が入っていた。

小躍りして喜んだ某は大急ぎで帰宅し、妻に事情を話した。

もちろん、妻も喜んだけれども、急に真面目な顔になって言った。

「そのお金の持ち主は、何か事情があって、そんな大金を雁の首にくくりつけたのでしょう。

「想山著聞奇集」より
雁の首の金

財布をよく調べてみたら、何かわかるかもしれないわ」

妻が改めてみると、財布には金と一緒に書付が入っており、そこには久兵衛が四日市屋へ娘を売った旨が記されていた。

妻は、

「娘を身売りしてまで金を作るというのは、よほど困ってのことでしょう。こうして金主がわかったからには、先方へ知らせて、金を返してあげたら」

と勧めたが、某は、

「折角の天からの授かり物なのに、何を馬鹿な……」

と取り合わず、二人はしばし口論となった。

しかし、最後には某が折れ、渋々ではあったが、妻から弁当まで持たされて、久兵衛宅へ向かったのだった。

しばらくして久兵衛宅へ着き、案内を乞うたが、誰も出て来ない。

やむなく中へ入ると、老夫婦が嘆きに沈みきった様子で座っていた。

そこで某が事情を話して聞かせ、例の金子を差し出すと、老夫婦は仰天し、しばらくは絶句していたが、やがて随喜の涙を流して、某へ謝した。

ところが……。

ひとしきり泣きじゃくた後、久兵衛はこう言った。

「ご親切、まことにまことに有難く存じます。確かにこの金子は元は私の金でしたが、それが雁によってあなた様の元へ運ばれましたからには、もはやあなた様のものでございます。ですから、本来ならば全額お持ち帰り頂くのが筋ですが、何せ当方も金策で切羽詰まっております故、申し訳ないですが、金子は折半ということで、半分だけ頂戴しても宜しいでしょうか」

某は戸惑い、

「いやいや、いったん、こうしてあなたへお返しにあがったからには、全部はもちろん、たとえ半分でも私が頂くのは変でしょう」

と言って、金子を突き返した。

こうして奇妙な押しつけ合いがしばらく続いた後、とうとう久兵衛がこう切り出した。

「では、ここまで届けて頂いたお骨折り代ということで、二朱だけお持ち帰り下さい」

「それなら……」

ということで、結局、某は二朱を受け取って、家へ戻った。

後日、この一件は領主の耳にまで達した。

某については、

「金子を正直に届けたことは殊勝である」

とお褒めになり、銭五貫文と米五俵をお授けになった。

また、久兵衛については、

「義理を弁え、金子全額を譲ろうとした性根や良し」

というので、銭五貫文を下しおかれた。

この一件は、まるで作り狂言のようであるが、現実に起こった事である。

くいな——水鶏

【覚書】クイナ科。呼称の語源ははっきりしない。「くい」は「来」、「な」は「啼く」、すなわち「来て啼く」から「くいな」という説もある。啼き声が戸を叩く音を思わせるので、詩歌では「くひなたたく」が常套句となった。

体長約三十センチ。水田や沼に棲み、球根、昆虫などを喰う。ちなみに、沖縄北部の山原(やんばる)地方に棲むヤンバルクイナは、絶滅危惧種である。

◎**坊主の悪計**――「**甲子夜話**」**巻第五十二**

ある村の坊主は、家の庭に多くの梅樹を植え、池を作り、「新梅屋敷」と称して、見物人を集めていた。そして、その者たちに酒食を供して、金儲けをしていた。

坊主はある時から急に、

「新梅屋敷では、時として風流な水鶏の鳴き声もお楽しみ頂けます」

と盛んに言い立てた。

それ故、歌人や俳人も含め、いっそう多くの粋客が足を運ぶようになった。

さて、ある夜。

大勢の者たちが、

「今宵こそ、水鶏の鳴くのを聞きたいものだ」

と池の畔(ほとり)で待ち侘びていると、池の中で誰かが転んだような水音が聞こえた。

皆が燈火を持って駆けつけると、そこにいたのは、かの坊主であった。

小さな板を携(たずさ)えていた。

問い詰めると、夜な夜な池へ入って暗闇でこの板を叩き、水鶏の鳴き声と思わせていた由。こうして坊主の悪計が明らかになると、当然のことながら、新梅屋敷への客足は絶えたという。

くぐい――鵠

【覚書】ハクチョウ類の古名。平安時代には「くぐひ」の他に「こふ(古布)」という異称もあったらしい。安土桃山時代に「はくてう(白鳥)」の呼称が現われ、江戸時代には併用された。「くく」は啼き声、「ひ」は鳥のことか。

例えばオオハクチョウは全長約百六十センチ。コハクチョウは全長約百二十センチ。秋に渡って来て、湖や川などで越冬する。落ちた種や草葉などを喰う。

◎**鵠と御子**――「**日本書紀**」**巻第六**

垂仁天皇二十三年九月。

垂仁天皇の御子は、齢三十となっても赤児のように泣くばかりで、まともに口がきけなかったから、天皇の心痛はひとしおであった。

さて、ある日、天皇が殿舎の前に立ち、御子が近侍していた折、一羽の鵠が鳴きながら大空を飛び回った。

すると、御子は空を仰ぎ見て、

「あれは何だ」

と言葉を発した。

これを聞いた天皇は狂喜し、

「誰かあの鳥を捕まえて参れ。その者には褒美をとらすぞ」

と命じた。

群臣の中のひとり、鳥取造(ととりのみやつこ)の遠祖、天湯河板挙(あめのゆかわたな)は、鳥の行方をしっかり見届けていたので、

「わたくしめにお任せください」

と奏上すると、早速、鳥のあとを追った。

そして、出雲国に至って、ようやく捕らえた。

同年十一月、板挙が鵠を献上した。

御子はこの鵠を可愛がり、やがてまともに話せるようになった。

板挙は褒美の品々に加えて、姓も賜った。

こうのとり――鸛

【覚書】コウノトリ科。「おほとり」の名で奈良時代の文献にも登場する。従来、「かう」と呼ばれていたが、江戸時代以降は「かうのとり」という呼称が普及した。樹上に営巣し、嘴をカタカタ鳴らして求愛することでも有名。全長約百二十センチ。水田や湿地で蛙や魚を喰う。かつては日本各地で繁殖していたが、残念ながら野生では絶滅した。特別天然記念物。

◎**鸛の復讐**――「**梅村載筆**」**人之巻**

信長の治政下、佐々氏という鷹師がいた。

ある時、鷹を放って、一羽の鸛を捕らえた。

数日後、鷹を連れてまた狩りに出た。

空を見ると、どうも鸛が舞い飛んでいるようなのだが、白雲に重なって判別し難かった。

そこで、鷹は腕に据えたまま、編笠を脱ぎ、再度上空を仰いだところ、鸛が急降下してきて、鋭い嘴で鷹師の鼻を突き裂いた。

鷹師は鷹を放り出し、両手で鸛を掴んでなんとか捕らえはしたが、その後、鼻が腐って死んでしまった。

おそらく、過日捕らえられた鸛の伴侶が敵討ちをしたのだろう。

鸛の嘴は非常に鋭いので、怒って力任せに突くと、数枚の鍬でも突き通すほどだという。猟をする者は留意しなければいけない。

◎**鸛の卵**――「甲子夜話」巻第十七

ある時、某寺の伽藍の上に鸛が営巣して、卵を生んだ。

住職は気に懸け、餌を与えたりして可愛がっていたが、ある日、住職が所用で寺を空け、鸛の夫婦も揃って巣を離れた折に、寺男が梯子をかけて巣へ近づき、中の卵を取ってしまった。

寺男が卵を煮て、さあ喰おうと思った矢先、住職が戻って来た。

住職が見ると、庭先に鸛の夫婦が降り立ち、何やら哀願する様子である。

不審に思って寺男を問い質すと、卵はすでに煮てしまったとのことだった。住職は鸛の夫婦

が哀れでならず、

「もはや孵る見込みはないが、それでも何かの慰めになれば……」

と慮って、卵を巣へ戻しておいた。

鸛たちは喜び、煮卵であるにもかかわらず、これを抱いて温め続けた。

さて、しばらく経つと、鸛が一羽も見えなくなった。

住職が訝しがるうち、数日後には鸛たちが巣へ戻って来た。口には何かの草を咥えていた。

驚いたことに、その後、卵は孵って無事に雛が誕生した。

これを見て、不思議がらぬ者はなかった。

巣から庭へ落ち、生え育った草をよく調べてみると、それは「いかり草」という種類だった。

ただ、人々は、

「煮卵から雛が孵ったのは、その霊草のお蔭というより、鸛の夫婦の至誠ゆえだろう」

と噂した。

◎**消えた鸛**——「**甲子夜話**」**巻第二十三**

某寺の堂舎の棟の上に、ある時、鸛が営巣した。

そのうち卵を生み、孵って雛も誕生した。

ところが、ある日、親も雛もふっつり姿を消してしまい、巣は空になった。

寺の者も近所の人たちも、

「いったいどこへ行ったのか。不思議なこともあるものだ」

と首をかしげていたが、ほどなく近隣で火災が起き、風下にあった寺も全焼してしまった。

鸛は火災を予知したのだろうか。

◎巣を遷した鸛――「筠庭雑録」

文化年間のこと。

浅草旅籠町、西福寺の屋根の上には、毎年、鸛が営巣していたが、ある年、浅草安部河町の称念寺に巣を作り、西福寺には寄り付かなくなった。

そして、皆が不審に思っていた矢先、旅籠町で火事が起き、西福寺も類焼した。

「火事を予知して、巣を遷したのに違いない」

と皆は噂した。

◎**鸛と鶴**——「**寓意草**」**下巻**

昔から、松樹に鶴が宿るのが目出度いというので、数多くの詩歌に詠まれ、画にも頻々に描かれているが、実は松樹に営巣するのは鶴ではなく、鸛である。鶴は樹の上ではなく、葦原に棲む。

◎**鸛の嘴**（くちばし）——「**譚海**」**巻之十三**

鸛が嘴を鳴らして出す音は、まるで鳴き声のようである。

仰向けで鳴らす時は晴天、俯（うつむ）けで鳴らす時は雨天の兆（きざ）しである。ちなみに、尾長鳥が群飛するのも雨の兆しである。

さぎ——鷺

【覚書】サギ類の中では、全身が白いダイサギやコサギ等がよく目立つので「しらさぎ」「しらとり」と呼ばれ、奈良時代から人々によく知られていた。「声騒（さわ）ぎ」が、呼称「さぎ」の語源か。

「鸛之者雄 難波の通は江戸の野暮」より

例えば日本最大種であるアオサギは、全長約九十五センチ。蛙、魚、昆虫などを喰う。体色は青みを帯びた灰色。

◎生き返った鷺――「古事記」上巻

御子が成人してもまともに物が言えなかったので、垂仁天皇は日々心を痛めていた。

ある日の夜、垂仁天皇に、

「私の宮は荒れ果てて久しい。それが修繕されるまで、御子が口をきくことはないと知れ」

との夢告があった。

太占（鹿などの骨を焼き、そのひび割れで神意を問う）で占ったところ、その夢告の主は出雲大神と判明した。

占い通りとすれば、御子を大神の宮へ遣わして参拝させねばならない。

そこで垂仁天皇は、曙立王に命じて祈請させた。

「御子が出雲大神を参拝して、本当に物が言えるようになるのなら、鷺巣池（奈良県橿原市四分町にあった池）の樹に棲む鷺よ、落ちて死ぬがよい」

すると、鷺は樹から落ちて死んだ。

次に、

「出雲大神への参拝で効験が得られるのなら、死んだ鷺よ、甦れ」

と祈請したところ、死んだはずの鷺が生き返った。

そこで、垂仁天皇は曙立王たちを従者として、御子を出雲大神の宮へ遣わした。

◎棟の鷺——「沙石集」巻第一ノ十

不敬で知られた地頭の某が変死し、息子が家督を継いだ。

家の棟に鷺がとまったので占ってもらったところ、

「近々、神のお咎めがある」

との託宣であった。

すると、たまたま家の中にいた陰陽師がこれを聞き、

「神の罰など、なにほどの事がございましょうか。いざとなったら、私が術で封じ込めて差し上げますよ。ご心配には及びません」

とせせら笑った。

とその途端、息子は後ろ手に縛られたような格好になり、全身がすくんで死んでしまった。

◎観音と鷺——「日本霊異記」中巻

大和国平群郡（へぐりのこおり）岡本の尼寺には、観音像十二体が安置してあったが、聖武天皇の御代（724−749）にそのうち六体が盗み出されてしまった。人々は手を尽くして捜したが、行方がわからぬまま、長い年月が経った。

さて、ある年の六月。

平群の駅（うまや）の西にある小さな池で、村の子どもたちが水遊びをしていた。池の中ほどを見ると、水面から細い棒のようなものが突き出ていて、その先端に一羽の鷺がとまっていた。

そこで、子どもたちは面白がって砂や小石を投げてみたが、鷺は一向に驚かず、じっとしていた。

やがて投げ飽きた子どもたちは、今度は池へ入り、泳ぎ寄って、鷺を捕まえようと試みた。

ところが……。

もう少しで鷺に手が届こうという刹那、鷺は去った。

残った棒をよく見ると、実はそれは棒切れではなく、黄金の指だった。

訝しがった子どもたちが、それを掴んで引き上げたところ、水中から現われ出たのは観音像であった。

驚いた子どもたちは、村へ戻って大人たちへ知らせた。

噂はたちまちに広まり、岡本の尼寺にも伝わった。

尼たちは、急いで池まで駆けつけた。村人たちの手を借り、池から岸へ引き上げて見ると、確かにかつて寺から盗まれた観音像だった。長い年月の間に、表面の金箔は随分剥げ落ちていた。

尼たちは、

「盗難に遭われたばかりか池へ沈められ、このように変わり果てたお姿になられようとは……。ただ、とにもかくにもこうして再会が叶ったことは、大慶至極に存じます」

と涙を流した。

そして、輿を拵えて像を乗せ、寺まで連れ戻った。

人々は、

「盗賊は、贋金作りの材料にしようと盗み出したものの、いざとなると鋳潰す手立てに困り、もてあました挙句に池へ捨てたのではないか」

などと言い立てた。

◎鷺の怪(一)――「諸国百物語」巻五第十七

寛永元年(1624)頃。

京の東に鶴の林という廟所があった。

ここに毎晩、姑獲鳥という化け物が出て、あたりには赤子の泣き声が響くというので、暗くなると通る人は絶え、近隣の住民は門戸を閉ざして家から出なかった。

ある男はこの噂を聞き、

「俺が正体を見届けてやろう」

と、雨の降る夜に鶴の林へ赴いた。

姑獲鳥の出現を待っていると、やがて白川の方から、唐笠ほどの大きさの青い火が飛来した。火が男に近付くと、噂通り、どこからともなく赤子の泣き声が聞こえてきた。

男は慌てず騒がず、刀を抜いて青い火に斬りつけた。

一刀を浴びせられると、火の塊はどうっと地へ落ちた。

男はすかさず二度ほど刺し貫き、

「化け物を仕留めたぞ」

と叫んだ。

「諸国百物語」より
鷺の怪

これを聞いた近隣の住民が松明(たいまつ)を手に飛び出してきた。

見れば、大きな五位鷺(ごいさぎ)だった。

一同は、

「知らぬこととはいえ、つまらぬものを怖がっていたものだ」

と笑い合って立ち去って行った。

◎鷺の怪(二)──「百物語評判」巻三第七

昔、東近江の住人の某は、比叡山中堂(ちゅうどう)の油料として下賜された一万石の知行を司り、富み栄えていた。

ところが、時が流れてその知行は退転し、某も没落していった。

やがて某は、失意のうちにこの世を去った。

しばらくすると、この者の在所から妖しい光りものが出て、中堂の油火のもとへ飛び行くようになった。油を盗むわけではなかったが、人々はこの化け物は「油盗人(あぶらぬすと)」と呼んで、怖れた。

さてある夜のこと。

血気盛んな若者たち数人が、

鷺の怪
「百物語評判」より

「いつまでも油に執心して立ち現われるとは、けしからぬことだ。俺たちが仕留めてやるわい」

と気勢を上げ、弓矢を携えて中堂に籠もり、化け物を待ち構えた。

夜が更けると、案の定、妖しい一叢の黒雲が飛来した、その内部では何かがぴかぴかと光っていた。

「ついに現われたか」

と色めき立つ若者たちの頭上に黒雲が蟠ると、一同は、

「あっ」

とひと声叫び、あとは恐怖で身がすくみ、弓矢で立ち向かうなど思いもよらなかった。

とはいえ、中には少しばかり気丈な者がいて、何とか黒雲の内部を覗き込むと、怒り顔の坊主の首が浮かび、口から火焔を吹いているのがありありと見えたらしい。

ただ、それから百年ほど経つと、こうした光りものの出現も稀になったという。

さて、この話を聞き知った某が、学問の師匠に、

「この話のようなことは本当に起こり得るのでしょうか」

と問うたところ、師匠曰く、

「世に怨霊の出現はないとはいえず、油盗人の一件も出鱈目ではないのではないか。注意すべきは、年月が経つと油盗人の出現が絶え絶えになったことだ。生前の精魂の多少によって、亡魂が現世に現われやすいかどうかが決まるのだろう。

ちなみに、話の中にあった光りものの正体は、青鷺だったのではないか。近江国高島郡あたりでは特によく出ると耳にしたことがある。年を経た青鷺が飛ぶと羽が光るのだが、眼光や鋭い嘴(くちばし)と相俟(あいま)って、その姿は一見すると身の毛がよだつらしいぞ」

◎鷺と荘子——「今昔物語集」巻第十第十三話

今は昔、震旦(古代中国)に荘子という賢人がいた。

ある日、荘子が道を往くと、沼地で一羽の鷺が何かを狙っていた。

荘子は、

「杖で打ち据えてやろう」

と企んで、そっと近付いたが、鷺は獲物に気をとられてちっとも気付かなかった。どうやら、海老を喰おうとしているようだった。

ところで、奇妙なことがあった。

海老が逃げようともせずに、その場でじっとしているのである。

「鷺に狙われているのに、どうしたことだ」

と思った荘子が改めてよく見ると、海老は水の中の小虫を狙っているのだった。

荘子は考えた。

「海老は小虫に執心して鷺に狙われていると気付かず、鷺は海老に気をとられ、わしに狙われているとは気付いておらぬ。ということは、このわしも、鷺に気を取られるあまり、もっと大きな何者かに命を狙われていることに気付いていないのではないか」

そう思うと俄かに怖くなり、荘子は杖を放り出して、その場から逃げ去ったという。

つる——鶴

【覚書】ツル科。鶴というと、全身が白く頭頂が赤いタンチョウを連想する人が多く、書画にもしばしばその優美な姿が描かれているが、ナベヅルのように全身が灰色の種もある。「列(つら)なる」から「つる」と呼んだか。

タンチョウは全長約百五十センチ。水辺を好み、魚、昆虫、穀物などを喰う。ナベヅルは全長約百センチ。湿地に棲み、水草や水生小動物などを喰う。

◎身代わり鶴――「楓軒偶記」巻之一

ある国の殿様が鶴を飼っていた。

飼い始めた年に若君が生まれたので、

「千年の齢を保つ鶴にあやかるように」

と願いを込め、若君は鶴千代と名付けられた。

そうした経緯から、殿様はこの鶴を殊(こと)の外、大事に飼養していた。

ところが……。

暴風雨があたりを襲ったある夜、一頭の野犬がその騒ぎに紛れて庭先の籠を破り、中の鶴を喰い殺して去った。

さて翌朝。

見張りの侍は鶴が喰い殺されたのを見つけて、驚愕した。己の落ち度である。

そこで、

「殿様の大事な鶴をみすみす野犬に喰われたとあっては、死で償(つぐな)うほかあるまい」

と覚悟を決め、事の次第を報告したところ、殿様は、

「息子は今年、齢二十五の厄年にあたる。大方、あの鶴は息子に代わって、災厄を引き受けてくれたのだろう。そちに罪はない」

と言って咎めなかった。

ために侍は、感泣に咽んだという。

◎**玄鶴のはなし**——「十訓抄」十ノ六十三
中国春秋時代の衛国王、霊公の一行が、晋国へ向かう途中、濮水（黄河の支流）という川の畔で休んでいると、川の水底から妙なる琴の音が聞こえてきた。

そこで霊公は、楽師を召し出してその旋律を写し取らせた。

その後、晋の国王、平公のもとに着いた折、

「そういえば、ここに来る途中、こんな曲を耳にしました」

といって、例の琴の旋律を一同に披露した。まことに霊妙な音楽だった。

すると……。

平公に仕える楽官が奏上した。

「これは亡国の調べです。師延という者の作で、殷の紂王の時代の『靡々の曲』と申します。周の武王が紂王を討った時、師延は濮水へ身を投げたのです。それ以来、この曲が川底から聞こえてくるようになりました。演奏してはなりません」

然るに、平公はこう言った。

「わしも年をとり、余命も僅かだ。この先、たとえ晋国が滅んでも、愁いはせぬ。今はただ、この曲に耳を傾けたいと思う。遠い昔の調べに身を任せたいのだ」

これを聞いて、近侍の者たちは一人残らず涙に暮れた。

とその時、突如、空から十六羽の玄鶴（黒い鶴）が舞い降りて来たかと思うと、頸を伸ばし、翼を拡げて、優雅に舞い遊び始めたという。

◎鶴郡のこと――「北窓瑣談」後篇巻之二

甲斐国鶴郡には、齢二千余年の鶴が棲む。

従来、三羽いたが、元禄年間に一羽が死んで二羽となった。

その折には、役人が死骸の検分のためにわざわざやって来て、挙句、羽毛をすべて回収してから去って行ったという。

そして、寛政五年（1793）、二羽とも飛び去って、とうとう戻らなかった。昇天したのではないかとも言われている。

この地は富士山の麓で湖水も豊かで、連山に囲まれた幽遠な僻地である。長寿の鶴が棲む故に、土地の名も鶴郡となった。

鶴関（つるのせき）という処もあり、かつて鶴たちは、ここを越えて他所（よそ）へ行くことはなかった。

俗伝に拠れば、昔、秦の徐福が不老長寿の霊薬を求めて富士山へ至り、この地に居ついて、遂には鶴に化したという。

◎鶴の巣（一）――「浪華百事談」巻之二

嘉永元年（1848）九月二十二日、道修町の薬種問屋、伏見屋市兵衛宅に白鶴が飛来して、巣を作った。

大坂市中ではまことに珍しく、目出度いことである。

◎鶴の巣（二）――「嘶の苗」巻之二

文化元年（1804）の二月中旬、摂津国東成（ひがしなり）郡森ノ宮境内の神木の松に、鶴が飛来して、営巣した。

これが評判となり、日に日に見物人が増えたから、それをあてこんで茶店や田楽茶屋などが軒を連ね、大層、繁盛した。

◎**渡り鶴**――「西遊記」巻之二

屋久島という大きな島がある。昔は、日本の外にある一国として扱われ、国史には、

「屋久国人（やくこくじん）、来朝す」

などと記されていた。

この島には、八重嶽（やえだけ）といって、高さ十三丈の高山がある。

この山では良い材木が採れる。世にいう薩摩杉も、実はここで採れたものだ。また、この島の石で作った硯も優品で知られる。かく言う私も、一面を愛蔵している。

さて、およそ南国の鶴は、春になると北方へ渡る。

その際、数千里の北海を一気に飛び越えようとして羽が疲れ、途中で海中へ落下するのを怖れる故か、いったん、この屋久島の八重嶽を廻って気流に乗り、上空高く舞い上がる。それから北を目指して一気に渡海して行く。

無論、途中で羽が疲れ、高度が次第に落ちていくのは避けられないが、最初に高い処から出

発している分、海面まで落下する前になんとか朝鮮へ辿り着く。八重嶽の絶壁から上昇気流に乗り、きりきりと舞いながら、見えなくなるくらい高い虚空まで上がり、それから北へ向かうのだ。

◎鶴の智慧――「椿説弓張月」巻之二第四回

源為朝（みなもとのためとも）は、山中で一羽の鶴を得た。

鶴には、細い金の鎖で黄金の牌（ふだ）が結わえてあった。牌には、

「康平六年（1063）三月　源朝臣義家（あそんよしいえ）放つ」

と刻んであった。奥州前九年の戦の後、為朝の曾祖父、義家が、戦没者の追善のために放生した鶴のうちの一羽だった。

鶴はひどく弱っていたので、為朝は連れ帰って手厚く看護してやった。

すると、ある夜、鶴の夢告があった。

「私を肥後国阿蘇の宮の傍（そば）までお連れ下さい。そこで私を放して頂けましたら、あなた様は必ずや素晴らしい伴侶と頼もしい後ろ盾を得られることでしょう」

そこで翌朝、為朝は鶴の籠を担った従者を伴って、はるばる肥後まで歩み進んだ。

さて、その頃、肥後国には、阿蘇、詫摩、球磨の三郡を領する平忠國という侍がいた。忠國には、齢十六の美しい娘、白縫がいたが、ある時、白縫の飼っていた猿が、白縫の侍女・わか葉に懸想して、いきなり抱きついた。

わか葉はひどく怯え、これを目の当たりにした白縫は、

「畜生の身の程をわきまえず、人間を辱めようとは不届き至極」

激怒し、長押の薙刀の鞘をはらって猿を斬らんとした。

猿は仰天して庭の築山まで逃げたが、白縫の近臣がさらに追い廻すので、とうとう屋敷を飛び出し、近くの山中へと姿をくらませた。

その夜。

わか葉は宿直の番にあたっていたので、白縫の枕辺近くに臥していた。

丑三つを過ぎた頃、突然、わか葉の部屋で苦し気な叫び声が上がった。

白縫もはっと起き、侍女を呼んで調べさせたところ、わか葉は喉を喰い破られ、血だまりの中で死んでいた。

血が付いて残した足跡を辿ると、廊下を通って遣戸まで続いていた。連子が破られていたから、ここから出入りしたに違いなかった。察するに、昼間の猿が邪険にされたのを恨んで、わか

葉を殺したのであろう。

駆けつけた忠國に経緯を話したところ、大いに怒った忠國は、

「草の根わけても捜し出し、捕らえて打ち殺せ」

と家臣に命じた。

そこで、早速、数人が邸内を捜索すると、庭の松の枝をつたって猿はからくも門外へ逃げ出した。

松明（たいまつ）を手にした一同に追われ、猿は走りに走り、阿蘇山麓の文殊院という古寺の門前に至った。家臣たちが、

「もはや逃げられまい。観念せい」

とにじり寄ると、猿は築地塀を巧みに乗り越えて門内へ入り、あれよあれよという間に五重塔の頂上、火球（ひさくがた）（塔の九輪の上などに据える、火焔のついた宝珠）まで登り詰めた。

夜が白々と明ける頃には、手勢を率いた忠國も馬で駆けつけた。

忠國は塔の上の猿を見上げ、

「何をぐずぐずしておるか。一刻も早く射殺（いころ）せ」

と命じたが、家臣たちはまごつくばかりだった。

なにせ塔は高い丘の上に建ち、目の前は鬱蒼とした松林である。あれほどの高さの小さな猿を射当てるのは至難の技だ。しかも、万一、射損じた場合、己ばかりか主君の恥にもなる。という訳で、ご下命に従って矢をつがえる者がなかったのだった。

すると、猿はそうした情況を見透かしたように、塔の上であざ笑うように啼き騒ぎ、あまつさえ、下にいる人間たちにこれ見よがしに尻を向けて叩き、挑発した。

怒りで顔を青くした忠國は、紙に何やらさらさら書きつけると、

「これを寺の門前に貼り置くべし」

と命じた。

紙には、

「文殊院塔上の猿を射落とした勇者は、我が娘、白縫と娶わせるものとする。阿蘇三郎忠國」

とあった。

折しもそこへ、阿蘇の宮へ向かう途中の為朝一行がさしかかった。

騒ぎを聞き、貼り紙を見た為朝は、敢然と忠國の前へ進み出て、

「それがしが射落としてご覧にいれましょう」

と申し出た。

見れば、身の丈七尺余で筋骨隆々、しかも美しい顔立ちの若者だった。とても常人とは思えない。忠國が、

「娘のことは嘘ではござらぬ故、何卒……」

と言葉をかけると、為朝は、

「心得た」

と言って従者を促し、愛用の弓矢を受け取った。

一同はその豪壮な弓矢に度肝を抜かれ、

「これだけの弓矢を扱う御仁ならば」

と上首尾を期した。

ところが……。

いよいよ為朝が歩み出て、弓を引き絞ろうとした矢先、文殊院の僧が駆け寄って来て、制止した。

「この寺は、仁明（にんみょう）帝の勅願にして弘法大師の開基でございます。しかも、あの塔には勅封の仏舎利が安置されております。それに向かって弓を引いては、朝敵仏敵となるに等しい。あの猿を憎むご事情はわかりますが、この寺へ逃げ込んだのも、何かの仏縁。赦してやっては頂けま

せぬか」

というのが、寺側の言い分だった。

これを聞き、忠國も為朝もしばし躊躇して、いったん、元の場所へ引き下がった。

すると、猿はまたしても増長して、塔上で笑い騒いだ。

とその時、為朝の従者が背負っていた籠の中の鶴が、にわかに騒ぎ出した。外へ出たがっているようだった。

これを見た為朝は、はっと心づいた。

「そういえば過日の夢告の折、鶴は『阿蘇の宮の傍で放してくれ』と言っておった。あれはこの事なのかもしれぬ」

続けて思ったことには、

「とすれば、鶴にも何か期するところがあるのだろう。信じてやるほかあるまい」

そこで為朝は忠國に、

「弓矢を使わずして猿を仕留める方途がございます」

と申し出た。

忠國は大喜びで、

「されば、早速」

と催促した。

為朝は、祈るような気持ちで籠の蓋を開けた。

ところが……。

鶴は勢いよく飛び出し、天空高く舞い上がったが、塔に近付くこともなく、そのまま飛び去ってしまった。

期待が大きかった分、忠國一同の落胆は大きかった。

「そもそも、鶴が他の獣を獲るためしがあるものか。鶴はまんまと逃げてのけたのだ」

と為朝をあざ笑う者もいた。

と、そのうち、例の鶴が西の空から舞い戻って来た。

鶴は火球に近付き、猿から一丈ほど離れた空で羽搏(はばた)き続けた。

猿は警戒して鶴を見上げ、隙あらば掴みかかる風情で、両者の睨み合いは続いた。

然るに、しばらくして鶴の高度が少し下ったかと思うと、猿が急に狼狽し、火球から下りようとした。鶴はそこを見逃がさず、鋭い嘴(くちばし)で素早く突いた。

やがて、猿は血まみれになって地面へどうっと落ちて来た。鶴はそれを見届けると、高く舞

「椿説弓張月」より
文殊院の鶴

い上がって、南の空へ消えて行った。

忠國一同は快哉を上げた。

為朝が駆け寄ってみると、猿は背から胸にかけて深い刺し傷があった。

さらによく見ると、目鼻の間におびただしい量の砂がかかっていた。

為朝は思った。

「この砂は目つぶしだ。最初、鶴が姿を消したのは、どこかへ砂をついばみに行ったからだ。なんという智慧だろう」

そのうち、忠國が近寄って来て、居ずまいを正して言った。

「これだけのことをしてのける御方は、よもや只者(ただもの)ではござりますまい。よろしければ御名を明かして頂けませぬか」

そこで為朝が名乗ったところ、忠國は大いに驚き、

「さては源家(げんけ)の御曹司でいらっしゃいましたか。並の御方であろうはずがないとは思っておりましたが……。もしお嫌でなければ、我が娘、白縫をお側(そば)に置いてやって下さいませ」

と申し上げた。

こうして、万歳を叫ぶ一同を率いて、為朝は忠國の屋敷へ向かった。

さて、残された文殊院の僧は、命を落とした猿を憐れみ、その屍を山門の外に埋めてやった。後で奇特な者が墓碑を立ててやった。それを名付けて「猿塚」という。

◎鶴の稲穂――「道聴塗説」第十篇

以前、一羽の鶴が奥州白河領へ稲穂を咥えて飛来した。

これを現地で育てて獲れたという種籾を入手し、江戸浅草の某園に撒いて育てたところ、この度、収穫があった。

獲れた米は八十五、六粒。粒の長さは三分五厘（約一センチ）、幅は一分二厘（約三ミリ）だった。

「餅米ではないか」

という人があったので、試しに数粒を練ってみたが、粘りは少なく、至って淡泊な味だった。

そこで、

「朝鮮の種ではないか」

などと言い合っていた。

なお、平田篤胤（ひらたあつたね）によれば、

「粒の嵩が小さくて、日本の者が食するには用をなさないように思える。やはり、異国のもの

であろう」

とのことだった。

また、某僧は、

「鶴は朝鮮から渡って来るものと聞き及んでいます。ただ、このような大きな米は向こうでは見られない。もしかすると、唐の『慈恩伝』（大慈恩寺三蔵法師伝）に登場する大人米というものかもしれません」

と言った。

これに対し、屋代弘賢は、

「『慈恩伝』にいう大人米は鳥の足跡よりも大きいといいますから、今回のものには当てはまらないでしょう」

との見立てだった。

ちなみに高田与清は、

「駿河国には米宮という社がある。大昔、異国から伝来したといって、雁喰豆（平たい黒豆の一種）よりも大きな米粒をご神体として祀っているときく。そう考えると、やはり大人米かもしれぬ」

と言っている。

◎鶴の卵――「甲子夜話続篇」巻十六

庭で鶴の番（つがい）を飼う人が言うことには、鶴が巣に生む卵は決まって二個で、孵（かえ）ると雛は必ず雌雄なのだとか。

また、抱卵は両親が交替で行い、時々、嘴（くちばし）で卵をひっくり返し、まんべんなく温まるようにするという。

ちなみに抱卵中は、たとえ豪雨に見舞われても、身じろぎもしないらしい。

◎羽織のこと――「它山石初篇」巻之一

鶴の羽根には独特の脂気（あぶらけ）があって水をよく弾（はじ）く上、軽い。

それ故、王朝の昔には、公卿たちの雨具を製するのに、鶴の羽根が用いられた。形状や用い方は今の蓑とあまり変わらなかった。

ところが、鶴の羽根を大量に集めて雨具を拵えさせるのは貴人にしかできない贅沢な業（わざ）であったので、ほどなくその代用品が生み出された。

羽根ではなく羽毛を使うのだ。

羽毛を布に織り交えて作ったその雨具は、羽織（はおり）と呼ばれた。

これが今の羽織の起こりである。

従って、「羽織」という語は元々は織り地（じ）の名だったのであり、仕立てた衣服の名ではなかったということになる。

ところで、こうした羽織にすら手の届かぬ庶民はどうしたか。

仕方がないので、まずは紙を合わせてそれらしい形にし、防水のために桐の油をひいた。それ故、「合羽（かっぱ）」と呼んだ。

つまり、羽織も合羽も要は雨具の一種なのであり、礼服ではない。

にもかかわらず、最近、世間では「羽織袴」と称し、さも礼服であるかのように有難がっているのは笑止千万である。

とき——鴇

【覚書】トキ科。奈良時代には「つき」「つく」と呼ばれていた。「とき」の呼称の登場は室町時代とされる。淡紅の美しい毛色で有名だが、歳をとるとやや黒ずんでくるという。語源は「桃毛（たうけ）」か。

全長は約八十センチ。水田や沼などで、蛙やドジョウなどを喰う。日本では野生種は絶滅した。ちなみに、ショウジョウトキは体が真紅である。

◎鴇の羽根（一）——「古今著聞集」巻第九

昔、弓の名手の侍がいた。

ある時、主人から、

「矢に矧（は）ぐのに、鴇の羽根が欲しい。持ち合わせはないか」

と訊ねられた。

侍は下人に命じ、あたりを見廻らせた。そして、川の手前の田に数羽いることがわかった。

そこで弓矢を携えて外へ出ると、鴇はちょうど田から飛び立つところだった。

本来なら直ぐにも射かけねばならぬはずなのに、侍は矢をつがえたものの、直ぐには射らず、
傍（かたわ）らの主人に、

「あそこを飛ぶ鴇のうち、どの鳥の羽根がお好みでしょうか」

と訊ねた。

主人は、

「そうさなあ……。うむ、一番後ろを飛ぶやつの羽根が所望じゃ」

と告げた。

ところが、それを聞いても、侍はまだ矢を放たない。

そうするうちに鴇はますます遠ざかり、川の向こう岸まで達した。

すると、それを狙いすまして、ようやく射た。

矢は見事に命中して、鴇は向こう岸へ落ちた。

主人は、侍のいつもながらの見事な腕前に感心したが、不審なこともあったので訊ねてみた。

「鴇が遠ざかる前に射る方が容易であったろうに、どうして遠ざかるまで待っていたのか」

侍曰く、

「手前で射止めていたら、鴇は川へ落ち込み、羽根が濡れてしまいます。それでは矢矧ぎには使えますまい。それ故、対岸の上空へ達するのを待ってから、射落としたのでございます」

◎鴇の羽根（二）——「譚海」巻之十三

羽根帚（はねぼうき）を鴇の羽根で製すると、逸品になる。
そこらの鳥の羽根で作るより、ずっと良いものができる。

葛飾北斎
「花鳥画伝」より
鶴

中村惕斎「訓蒙図彙」(1666)より

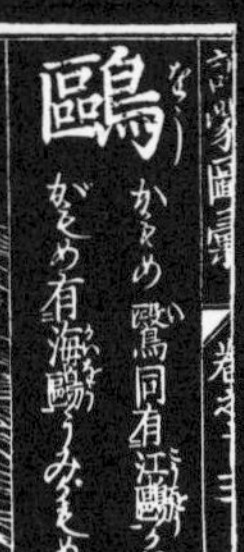

海鳥の

あほうどり——信天翁

【覚書】アホウドリ科。無人島で繁殖し、人間を怖れず容易に捕まってしまうから、この名が付いたのだろう。「ばかどり」の異称も同じ理由から。なお、運を天に任せて暢気に過ごしているように見える故、「信天翁」の字を宛てている。全長約九十センチ。日本では伊豆諸島の鳥島（とりしま）などで繁殖する。普段は海上生活。特別天然記念物。

◎信天翁を釣る——「甲子夜話続篇」巻第七十七

信天翁は、方言では「馬鹿鳥（ばかどり）」ともいう。

外洋に棲むが、餌につられて汀（みぎわ）まで来ることも珍しくない。

子どもたちは小さな板の上に魚肉を乗せ、その中に釣針を隠して、汀に浮かべる。

すると、信天翁はこれにすぐさま喰いつき、いとも簡単に釣られ、捕らえられてしまう。

ただ、このように馬鹿と称される性根の鳥ではあるが、上天高くまで飛び登る力は持っている。

「梅園禽譜」より
信天翁

みやこどり――都鳥

【覚書】古典文学に単に「みやこどり」とある場合、ミヤコドリ科のミヤコドリ、カモメ科のユリカモメのどちらを指すのか曖昧である。在原業平の有名な逸話のように、東国下りの文脈からはっきりユリカモメとわかる例は、むしろ稀だろう。カモメ科のユリカモメの全長は約四十センチ。波の穏やかな海岸や川辺などに棲み、昆虫やミミズなどを喰う。

◎**業平の東下り**――**「今昔物語集」巻第二十四第三十五**

在原業平は東下りの旅を続け、武蔵と下総の国境(くにざかい)の大きな川へ辿り着いた。名を角田川(すみだがわ)といった。

岸辺に腰を下ろして旅を振り返り、

「ずいぶん遠くまで来たものだ」

と感慨にふけっていると、

「舟が出るぞ。はよう乗りなされ」

と、渡し舟の船頭の声が聞こえた。

他の旅人たちと一緒に舟に乗り込み、しばらく川面を眺めていると、鴫ほどの大きさの白い水鳥が目にとまった。嘴と足が赤いその鳥は、飛び交って魚を捕っている。

都では見かけたことのない鳥だったので、船頭に、

「あれは何という鳥か」

と訊ねたところ、

「ああ、あれなら都鳥じゃよ」

という答えが返って来た。

これを聞き、業平は一首詠んだ。

「名にしおはば　いざ言問はむ　都鳥　わが思ふ人は　ありやなしやと」

(名に都鳥とあるからには、お前はさぞかし都の情勢に明るかろう。都に残してきた私の妻が達者でいるかどうか、教えてくれまいか)

舟の乗客たちはこの歌をきいて、皆、涙に暮れたという。

うとう――善知鳥

【覚書】ウミスズメ科。出崎（海へ突き出た土地）を陸奥地方の方言で「うとう」といい、この鳥の上の嘴の根元に隆起があるので、それになぞらえて命名したとの説がある一方、アイヌ語に由来を求める識者もいる。全長約四十センチ。主に北日本に棲む。ちなみに、宮城県足島の繁殖地は国の天然記念物に指定されている。

◎**善知鳥のこと(一)――「甲子夜話続篇」巻第四**

陸奥、外が浜の猟師は、善知鳥を捕る際、必ず蓑笠を身につける。母鳥が「うとふ」と呼びかけると子鳥が「やすかた」と応えるという習性につけこみ、猟師は母鳥の声を真似て「うとふ」と呼ぶ。するると、無垢な小鳥は本物の母と誤認して、「やすかた」と叫ぶ。その声で居場所を知り、子鳥を捕るのであった。その時、母鳥は上空を飛び回り、子鳥哀れさに血の涙を流す。

「烹雑の記」より
善知鳥

これが身に注がれると病に罹（かか）るというので、猟師は蓑笠に身を包んで、その害を避ける。

◎善知鳥のこと（二）――「烹雑の記」上之巻

海辺の出崎を陸奥の方言で「うとう」という。

他方、陸奥、外が浜に棲む水鳥も「うとう」という。

この鳥は嘴（くちばし）が太く、目の下の肉付きの処に突起（隆起）がある。

この突起を出崎に喩えて、鳥の名を「うとう」にしたのかもしれない。

あるいは逆に、「うとう」という鳥の名が先にあり、その突起に似ているからというので、出崎も「うとう」と呼ばれるようになったか。

いずれにせよ、出っ張ったものや場所を「うとう」というのは、陸奥に限らず東国一帯の方言のようだ。

例えば、美濃の御嶽駅（みたけじゅく）の東には「うとう」村があり、信濃国には「うとう」坂がある。漢字こそ「烏頭」と書くが、音は「うとう」である。両者とも、出張った土地ゆえ、こう呼ばれるのだろう。

ちなみに、「うとう」を「善知鳥」と書くには、謂（いわ）れがある。

この鳥は、人間を怖れること甚だしく、一方で同類への愛着は深い。

かつて猟師がこの鳥の中の一羽を捕らえたところ、仲間は己も捕らわれる危険を顧みず、この一羽の周りを飛び回って鳴き、涙を流した。それ故に「善知」の二字を宛(あ)てたのだろう。

◎善知鳥のこと（三）――「酔迷餘録」巻第一

謡曲「善知鳥」の狙いのひとつが殺生を戒めることにあるのは明らかだ。

ただし、詞章にも引かれている和歌、

「陸奥の　外の浜なる　呼子鳥　なくなる声は　うとうやすかた」

の「うとう」「やすかた」の意味に関しては詳(つまび)らかにしていない。

思うに、加賀から越後、陸奥にかけては、何々潟という地名が非常に多い。

とすれば、「やすかた」は「安潟」という沼地の名前なのではないか。

また、「うとう」について言えば、「東鑑(あずまかがみ)」にも記載がある通り、陸奥国津軽郡外が浜にある「有多宇(うとう)」という地名を指すものと思われる。

これらの事を勘案すれば、上記の和歌は、

「陸奥の外が浜の呼子鳥の鳴き声は、聞き方によれば地名の有多宇とも安潟とも聞こえる」

と解することができる。

ちなみに、善知鳥という地名は、各地にみられる。

例えば、美濃国の津橋と井尻の間の村は善知鳥村というし、下野国塩原の山奥から流れ出す川は善知鳥川という。

以上のことから、「うとう」「やすかた」が地名であることは判明したが、「うとう」を漢字で「善知鳥」と書く理由については、いまだはっきりわからない。

山東京山「うとふ物語」より

葛飾北斎
「花鳥画伝」より
都鳥

異鳥の章

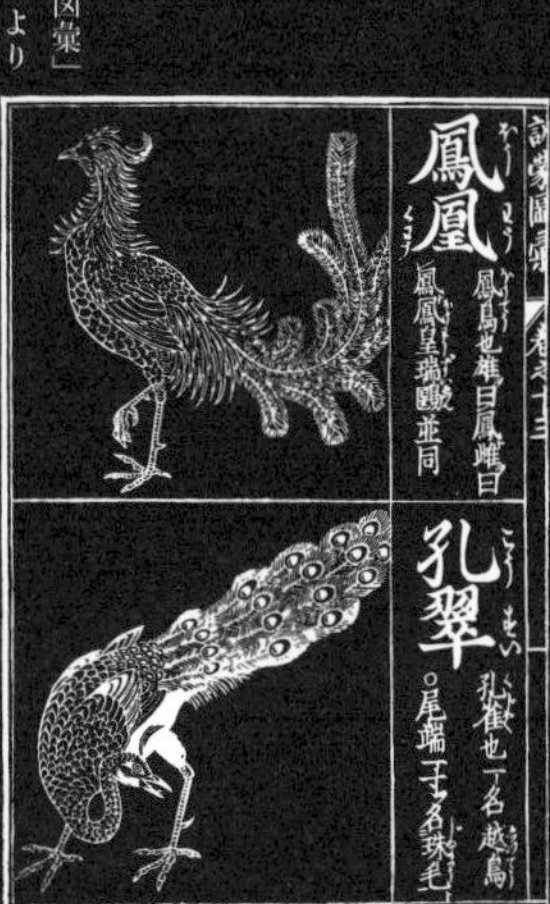

中村惕斎「訓蒙図彙」（1666）より

くじゃく——孔雀

【覚書】キジ科のマクジャクの古名。現在、動物園などでよく見かけるのはインドクジャクだが、日本の書画に古くから登場するのはマクジャクの方である。奈良時代には「くさく」と呼ばれていた。

マクジャクの雄の全長は約二百センチ、雌は約百センチで東南アジアに棲む。インドクジャクはそれよりやや小さく、南アジアに棲む。

◎源憩（みなもとのいこう）と孔雀——「今昔物語集」巻第十五第三十三話

今は昔、源憩という男がいた。

幼少期から聡明で、仏法への関心が深く、慈悲の心に溢れていた。

憩は二十歳を過ぎた頃、重い病気に罹り、二十日以上床に臥せったことがあった。それ以降、世を厭う気持ちが一段と強まり、ある時、とうとう出家してしまった。

ところで、憩の兄、安法（あんぼう）も僧であった。川原院に住んでいた。

ある日、憩が兄を呼び、こう訊ねた。

「私には、西方の妙(たえ)なる調べが聞こえます。兄上はいかがですか」

安法は、

「いや、何も聞こえないよ」

と答えた。

憩は、

「では重ねてお訊ねします。今、一羽の孔雀がどこからか飛んで来て、こうしている間もずっと、私の周囲を廻って舞い遊んでいます。これはご覧になれますか」

安法は首を振った。

と、そのうち、憩は西方へ向いて端坐し、合掌したかと思うと、そのまま息絶えた。

安法はこの様子を見て、

「弟の極楽往生は疑いがない」

と尊び、涙を流した。

◎**孔雀の飛翔(ひしょう)**――「**甲子夜話**」**巻第十八**
孔雀は諸所で飼われているが、その飛翔を目撃したことのある者は稀だろう。

私はかつて自邸の庭で孔雀を飼っていたのだが、ある日、下男が掃除の途中、あやまって籠を開けてしまった。

すると、中にいた雄の孔雀はさっと籠から出て、雲に至ると思われるほど高く舞い上がり、それから一直線に飛び去って行った。

長い尾を曳きながら大空を悠然と進むさまは、孔雀の形をした凧さながらの珍景であった。

◎**孔雀の雌雄——「北窓瑣談」巻之二**

人間に飼われる孔雀は、孵化して四年ほどして漸く羽毛が生え揃う。

だから、生まれて二、三年ほどは雌雄の区別がつき難い。

孔雀は長命で、四、五十年は生きる由。

人家で飼養されているものでもそのくらい長寿なのだから、山野に棲むものは百年でも齢を保つことだろう。

「秘傳花鏡」より
孔雀と吐綬鶏

とじゅけい――吐綬鶏

【覚書】キジ科ジュケイ属の別称。繁殖期に喉を膨らませると、皮膚の斑紋がまるで綬（官印などを提げる紐）を吐いたように見えるので、この名がある。江戸時代に飼鳥としてごく稀に輸入され、珍重された。

代表種のジュケイの全長は、雄が約六十センチ、雌が約五十センチ。中国南東部に棲む。主に朝方と夕方に活動し、木の実などを喰う。

◎吐綬鶏の吐気――「遠碧軒記」下之二

吐綬鶏が太陽に向かって気を吐くと、虹のように五色に光る。その色は綬に似ている。

うぶめどり――姑獲鳥

【覚書】中国古代の想像上の鳥が日本へ伝わったもの。お産で死んだ女の霊が鳥に化した、一種の妖怪と認識されている。そうした事情だから、雌ばかりで雄は

「異魔話武可誌」より
妖怪、姑獲鳥（うぶめ）

いない。夜間に飛翔し、他人の子をさらったり、病気にしたりする。また、女の姿で「抱け、抱け」としつこく押しつけてくる赤子を勇気を奮って抱き、あるいは背負ってそのまま帰宅すると、託された赤子は消えてしまうらしい。

◎妖鳥あらわる——「斉諧俗談」巻之五

西国の人に拠れば、姑獲鳥はお産で死んだ女が化けて出たものらしい。

小雨の降る闇夜、鬼火が現われると、その向こうには姑獲鳥がいる。

大きさも鳴き声も、鴎（かもめ）に似ている。

赤子を連れた女の姿で現われた時には、行き逢った人にその子を背負わせようとする。怖がって負わずに逃げると、総身が悪寒に襲われ、やがて高熱が出る。運が悪ければそのまま死に至るという。

一方、勇気を奮って背負った者には別状がない。背負った子は最初は重いが、人家に近付くにつれて次第に軽くなり、終（しま）いには雲散霧消してしまうのだという。

ちん――鴆

【覚書】中国の想像上の鳥。肉や羽に毒があるとされ、それを浸した酒がしばしば要人の暗殺に使われたと諸書に見える。鴆毒は猛毒の代名詞であった。ただし、実際の暗殺に使われたのは、無味無臭で気付かれにくい亜砒酸だったと思われる。

なお、石の下に潜む蛇を捕るのに、鴆の糞をかけたら石が砕けたという伝説もあるから、糞でさえ有害とされていたのだろう。

◎**異鳥あらわる**――「**甲子夜話**」**巻第五十一**

信州飯島で、土地の者が見慣れぬ鳥を捕まえた。

小鴨ほどの大きさだった。

数人が寄って、そこらの鍋へ放り込んで煮たところ、肉が煮えるに従って、みるみる嵩が増え、鍋の蓋を下から持ち上げるほどにまで膨れ上がった。

さすがに気味が悪いというので、誰も箸をつけず、近くの小川へ捨てた。

翌日見ると、川の下流に至るまで、魚という魚がことごとく死んでいたという。ひょっとするとその鳥こそ、話に聞く毒鳥の鴆かもしれない。

ぬえ——鵺

【覚書】古典文学ではしばしば奇怪な姿で描かれる一種の妖怪だが、鳥名としてはトラツグミの異称である。「ぬえ」の語源は未詳。トラツグミはツグミ科。夜間の啼き声が気味悪がられ、妖鳥のイメージがいっそう増幅された。

全長約三十センチ。平地から山地にかけての林に棲む。カタツムリ、ミミズなどを主食にしつつ、木の実や昆虫なども喰う。

◎**鵺退治——「平家物語」巻第四**

近衛院が天皇在位中の仁平（1151–54）の頃、天皇はなにものかにうなされて安眠できぬ夜が続いた。

諸寺の高僧貴僧に加持祈祷をさせたが、効験が見られない。

「和漢三才図会」より
姑獲鳥と鴆

丑の刻（午前二時）頃になり、東三條の森の方からひとむらの黒雲が飛来し、御殿の上空を覆うと、決まって天皇がうなされ、苦しみだすのであった。

いかに対処すべきか、公卿たちは集まって相談した。

すると、中の一人がこう言った。

「かつて寛治（1087–1095）の頃、堀川帝の御代、同じように毎夜うなされあそばす憂事が起こった。その際、武勇で知られた源義家朝臣が紫宸殿の広縁に陣取り、魔除けのために弓弦を三度鳴らして、

『前の陸奥守、源義家、ここにあり』

と大音声で名乗りを上げると、あやかしが怖れをなして去ったとみえ、帝のお苦しみは嘘のように晴れ、平癒なさった。この度はそうした故事に倣い、源平いずれかの家の勇者に警固させてはいかがか」

一同はこれを聞いて納得し、人選の結果、源頼政が召し出された。

仔細を聞いた頼政は当惑した。

「叛逆者を追討し、勅命に背く者を攻め滅ぼすのが、我々武士の仕事。目にも見えぬ変化のものを退治せよとは……」

しかし勅命なので断るわけにもいかず、頼政は腹心の家臣、井早太（いのはやた）一人を従えて、紫宸殿の広縁に伺候した。

この時、頼政は、早太に矢を二本、持たせていた。

一本はもちろん、変化のものを射るため。

そして、もう一本は、万一、化けものを射損じた際に源雅頼（まさより）を射殺すためであった。

というのも、こうした難事が頼政へ押し付けられたのは、雅頼が頼政を強く推したからであった。

ともあれ、そうこうするうちに夜になり、例の刻限に及ぶと、東三條の森の方からいつものようにひとむらの黒雲がやって来て、宮殿の上空に渦巻いた。

頼政がきっと睨（にら）み上げると、雲中には妖しい蔭が見え隠れしていた。

「射損じたら、自害して果てるまでのこと」

と覚悟を決めて矢をつがえ、

「南無八幡大菩薩」

と心中で祈念してから、ひょうと射た。

すると、確かに手応えがあった。

思わず、

「仕留めたり！」

と声を上げると、落ちて来た化け物に井早太がすかさず駆け寄り、取り押さえて、刀で何度も刺し貫いた。

皆が篝火を手に近付いて見れば、頭は猿、胴体は狸、尾は蛇、手足は虎の姿で、鳴き声は鵺(ぬえ)（トラツグミ）に似た怪物であった。

天皇は讃嘆し、頼政へ師子王(ししおう)という名剣を授けた。

さて、剣を手渡すべく、左大臣藤原頼長が、御前の階(きざはし)を半分ほど下りた。

すると、四月頃であったので、二、三羽の時鳥(ほととぎす)が鳴きながら空をよぎった。

そこで、左大臣が、

「ほととぎす　名をも雲井(くもい)に　あぐるかな」

（あのほととぎすが雲間で鳴いて名を上げたように、貴殿も今回の件で武名を上げられましたね）

と詠(よ)みかけたところ、頼政は右膝をつき、左の袖を拡げ、夜空の月を少し横目で見ながら、

「弓はり月の　いるに任せて」

（弦月の浮かぶ闇の空をやみくもに射ただけで、まぐれ中(あた)りに過ぎません）

「絵本写宝袋」より
頼政と早太の鵺退治

と当意即妙に詠み継ぎ、名剣を頂戴して退出した。

皆は、

「武道に優れているばかりでなく、歌道にも秀でている。大したものだ」

と唸った。

なお、化け物の死骸は丸木をくり抜いた舟に乗せ、川へ流されたという。

とり——鳥

種名不明な「鳥」の話を、補遺として順不同で記す。

◎豊年鳥のこと——「甲子夜話」巻七十七

文化二、三年(1805、6)頃、京・嵯峨のあたりに、雀に似た小鳥が数万羽が現われた。昼間はそこかしこを飛び回り、夜は竹林に宿ったが、あまりに数が多いので、鳥の重みで竹がしなって、地へ付く程だった。

そしてそのうちに、竹は残らず枯死してしまった。

しかし、その年に限っては、不作で飢えるということがなかったので、土地の者たちは「豊年鳥」と呼んだ。

◎鳥が美女と化す――「斉諧俗談」巻之三

中国六朝時代（三世紀初頭～六世紀末）の「捜神記」によれば、予章郡（漢代から唐代まで、現在の江西省北部に置かれた郡）に棲む鳥は、ある時、美女に姿を変えて逍遥した。

その際、脱ぎ置いた毛衣をたまたま居合わせた男に取られ、飛び上がって空へ戻ることができなくなった。

そこで男の家へついて行って夫婦となり、三人の女児を生んだ。

しかし、その後、男が油断した隙に毛衣を取り返し、夫や子を残したまま、どこかへ飛び去ってしまったという。

◎鳥柱のこと――「筆のすさび」巻之一

伊豆の海中に、鳥柱というものがある。

晴天に、白い海鳥が数千羽が旋回しながら群飛し、天空高く舞い上がる。

その様は、天を突く巨大な白い柱を海中に立てたようだ。

八丈島の南の海で見ることができるそうな。

◎大鳥あらわる――「日本書紀」巻第二十九

天武天皇十一年（682）九月十日の正午。

数百羽の大鳥が宮殿の上空へ飛来した。

二時間ほど飛び回り、散り散りに去って行った。

◎怪鳥を射る――「太平記」巻第十二

元弘四年（1334）正月に改元があり、建武の世が始まった。

この年、国じゅうに悪疫が流行し、大勢の人間が命を落とした。

他にも忌まわしいことが多々起こったが、とりわけ奇怪だったのは、秋の終わり頃から、しばしば怪鳥が出現したことだった。

怪鳥は毎夜のように紫宸殿の上空に飛来し、

「いつまで、いつまで（建武の親政がいつまでもつか、見ものだ）」

と嘲（あざけ）るように啼いた。

その啼き声はあたりに木霊（こだま）して、人々の眠りを妨げた。

無論、放置してはおけない。

諸卿が協議した結果、

「かつて堀川上皇の御代、妖怪変化が夜な夜な現われ、帝のご心痛の種となった折には、前陸奥守源義家が勅命を受け、清涼殿の階（きざはし）で弓弦（ゆづる）を三度鳴らしてこれを祓った。

また、近衛院の御代、鵺（ぬえ）という妖鳥が黒雲と共に宮殿へ飛来して啼き騒いだ折には、源頼政が勅命を受けて、これを見事、射落（いお）とした。

こうした故事に倣（なら）い、今回も武家の者に命じて、射落とさせるのが宜（よろ）しかろう」

と衆議一決した。

早速、

「怪鳥を射落とせる名手はおらぬか。我こそはと思う者は申し出よ」

と募ったが、皆、尻込みするばかりだった。

次に、

「では、諸卿の家侍（いえざむらい）の中に、適任者はおらぬか」

と探したところ、二条関白左大臣配下の隠岐次郎左衛門広有（ひろあり）を推す声があった。

そこで、直ちに広有が召し出された。

広有は、鈴の間近くにかしこまり、勅命を承った。

「怪鳥といっても、蚊のように小さく、矢よりも速く飛ぶわけではあるまい。人の目にははっきり見える程の大きさをしていて、矢が届くくらい近くまで飛来するというのであれば、よもや射損じることはあるまい」

と思った広有は、異議を挟まず、謹んでお受けした。

そして、早速、その日の夜から、弓矢を携（たずさ）えて怪鳥の出現を待った。

さて、八月十七日の明るい月夜のこと。

広有も、宮中の諸卿、女官たちも息を詰めて待つ中、とうとう怪鳥が現われた。

と言っても、姿全体がはっきり見えたわけではない。黒雲の中に潜んでいるからである。

例の恐ろしい啼き声があたりに響き、声のするあたりの空には時折、閃光がひらめいた。おそらく、啼く度に口から火焔でも吐いているのだろう。

広有は落ち着いて怪鳥のいそうな場所を見定め、弓に鏑矢（かぶらや）をつがえようとした。

しかし、何か思案があったと見え、鏑矢から雁股（かりまた）の鏃（やじり）を抜き、それからおもむろに弓につが

「太平記図会」より
広有、怪鳥を射る

え、十二分に引き絞った。

そして、しきりに啼き声のする処めがけて、矢を放った。

すると……。

確かに手応えがあり、雲間から何か大きな塊が地面へどさりと落ちた。

「広有が射落としたぞ」

と人々が大騒ぎする中、帝の近臣たちが松明(たいまつ)を持って駆け寄り、その塊を照らした。

そこには、世にも奇怪な姿の鳥がいた。

頭は人間に似ていたが、体は蛇のようだった。

嘴(くちばし)の先は湾曲していて、歯は鋸(のこぎり)のように互い違いに生え伸びていた。両足には長い蹴爪(けづめ)があり、鋭い剣さながらだった。

翼を拡げると、長さが一丈六尺余(約五メートル)もあった。

帝が広有に、

「ところで、矢を射る前、雁股を抜き取ったのは何故か」

と訊ねたところ、広有曰く、

「抜き取らぬまま射てしまいますと、矢が御殿へ落ちかかった折、棟に突き立つ恐れがございました。それはあまりにも不敬ですので、避けたかったのです。

雁股なしでも、とにかく矢を射当てさえすれば、怪鳥はまちがいなく地へ落ちて来るであろうと推量致した次第です」

これを聞いた帝は讃嘆し、その場で広有を五位に叙した。

更に、翌朝、因幡国の広大な荘園を二か所、授けてやったという。

◎**父と子——「太平記」巻第三十四**

昔、中国の発鳩山（山西省に有る）に住む某は、所用で他国へ渡ったが、帰路に乗った船が嵐に遭って沈没し、そのまま帰らぬ人となった。

家にいた息子は、父の訃報を聞いてからというもの、毎日のように海岸へ出掛けて、海を見ながら嘆き悲しんだ。

しかし、それでも悲しみが収まらないというので、ある日、海へ身を投げて死んでしまった。

すると、息子の魂は、一羽の鳥と化した。

鳥は、海上を飛び回りながら、何度も何度も父の名を呼んだ。

これを見て人々は憐れみ、涙を禁じ得なかった。

父を奪われたことが本当に悲しく恨めしかったので、やがて鳥は、己の力でこの海を埋めて平らな陸地にしてやろうと決意した。

そこで毎日、木の枝や草葉を咥えて来ては、海へ投じた。

無論、そのようなことで大海が埋まるはずもないのだが、鳥の孝心が見上げたものであることは疑いない。

◎**鳥の卵**——**「日本霊異記」中巻**

和泉国に住む男、某は、生来、鳥の卵が大好きで、明け暮れ煮ては食べていた。

ある日のこと。

家へ突然。兵士がやって来て、

「国司のお召し故、同道せよ」

と告げた。

兵士に連れられ、某はずいぶん歩いた。

そして、ある村に至ると、兵士はそこにある麦畑へ某を放り込んだ。

畑は広さ一町余（約一ヘクタール）で、麦の丈は二尺ほどあった。

ところが……。

麦と見えたものが、某が放り込まれるや否や、熾火（火勢の盛んな炭火）と化した。

某は足を焼かれ、

「熱い、熱い」

と絶叫しながら、畑の中を駆け廻った。

ちょうどそこへ、村人が通りかかった。

見れば、見慣れぬ男が絶叫しながら、麦畑の中を駆け巡っている。

掴まえようとしたが抵抗して逃げ廻るので、懸命に追いかけてようやくひっ捕らえ、畑から引きずり出した。

男は無言で地に臥していたが、しばらくすると、ようやく正気に戻った。

そこで麦畑で暴れていた理由を訊ねたが、男の説明は要領を得なかった。

見回してもそれらしき兵士は見当たらないし、そもそも目の前に拡がるのは何の変哲もない麦畑であって、火の海ではない。

それでも、男があまりしつこく言うので、おそるおそる男の袴の裾をめくり上げてみた。

すると……。

男の足の肉は脹脛まで焼け溶けてなくなり、骨が見えていた。

男は次の日には死んだという。

慈悲の心を持たず、長年、卵を喰い続けた報いであろう。

◎**土中の鳥——「古事談」巻第二**

高階某が、熊野山中で造塔普請の任にあたっていた時、土中から羽毛の生えていない大鳥を掘り出した。

「これを処置すべきか」

と評定していたところ、たまたま居合わせた少納言殿が、

「『来世では熊野権現の侍者とならん』との誓願を立てて死んだ者が、社壇の傍の土中に生を受けることがあると聞く。おそらく、貴殿が掘り当てた大鳥もその一種に相違ない。一刻も早く埋め戻されるがよい」

と告げたので、某は慌てて言われた通りに取り計らった。

「天加羅渡利 泡喰鳥」

葛飾北斎
「花鳥画伝」より
鳳凰

出典一覧（書名の五十音順）

「筠庭雑録」随筆。喜多村信節著。江戸後期成立。

「宇治拾遺物語」説話集。編者未詳。十三世紀半ごろ成立か。

「燕石雑志」随筆。曲亭馬琴著。文化八年（1811）刊。

「遠碧軒記」随筆。黒川道祐著。延宝三年（1675）成立。

「翁草」随筆。神沢杜口著。寛政三年（1791）成立。

「傍廂」随筆。斎藤彦麻呂著。文久元年（1861）刊。

「甲子夜話」随筆。松浦静山著。文政四年（1821）から天保十二年（1841）の記述あり。正篇百巻・続篇百巻・三篇七十八巻。

「閑窓自語」随筆。柳原紀光著。寛政五年（1793）から数年の間に執筆されたらしい。

「閑田耕筆」随筆。伴蒿蹊著。享和三年（1803）刊。

「閑田次筆」随筆。伴蒿蹊著。江戸後期成立。

「牛馬問」随筆。新井白蛾著。宝暦六年（1756）刊。

「寓意草」随筆。岡村良通著。文化年間（1804–1818）に大田南畝が書写。

「古今沿革考」随筆。柏崎永以著。江戸中期成立。

「古今著聞集」説話集。橘成季編。建長六（1254）年成立。

「古事記」歴史書。太安万侶撰録。和銅五年（712）完成。

「古事談」説話集。源顕兼編。十三世紀初頭成立。

「今昔物語集」説話集。作者未詳。平安時代末期の成立か。

「沙石集」仏教説話集。無住編纂。弘安六年（1283）成立。

「塩尻拾遺」随筆。天野信景著。写本に安政五年（1858）の識語あり。

「十訓抄」説話集。編者未詳。建長四年（1252）成立。

「想山著聞奇集」随筆。三好想山著。嘉永三年（1850）刊。

「諸国百物語」怪談集。編者未詳。延宝五年（1677）刊。

「新著聞集」説話集。神谷養勇軒著。寛延二年（1749）。

「酔迷餘録」随筆。中根香亭著。著者の没後（1913）出版された『香亭遺文』に収録された。

「斉諧俗談」随筆。大朏東華著。江戸中期成立。

「西播怪談実記」読本。春名忠成著。江戸中期成立。

「西遊記」旅行記・随筆。橘南谿著。十八世紀末の刊。

「世事百談」随筆。山崎美成著。江戸後期成立。

「太平記」軍記物語。作者未詳。十四世紀の終わりごろ成立か。

「譚海」随筆。津村正恭著。寛政七年（1795）の自序あり。

「椿説弓張月」読本。曲亭馬琴作。十九世紀初頭の刊。

「道聴塗説」随筆。大郷信斉著。江戸後期成立。

「東遊記」旅行記・随筆。橘南谿著。十八世紀末の刊。なお、補遺は、写本には載りながら版本には収められなかった部分。

「它山石初篇」随筆。松井羅州著。弘仁二年（1845）刊。

「浪華百事談」地誌。著者未詳。明治二十八年（1895）以後の成立。

「日本書紀」歴史書。舎人親王ら撰。養老四年（720）成立。

「日本霊異記」仏教説話集。景戒著。弘仁年間（810–824）成立。

「烹雑の記」随筆。曲亭馬琴著。江戸後期成立。

「梅村載筆」随筆。藤原惺窩談。林羅山筆録。江戸前期成立。

「噺の苗」随筆。暁鐘成著。文化十一年（1814）の序あり。

「播磨国風土記」地誌。和銅六年（713）の詔をうけ諸国が進上。

「常陸国風土記」地誌。和銅六年(713)の詔をうけ諸国が進上。「常陸国風土記」は一部が欠損。

「百物語評判」怪談本。山岡元隣著。貞享三年(1686)刊。

「楓軒偶記」歴史書。小宮山楓軒著。文化四年(1807)頃成立。

「筆のすさび」随筆。菅茶山著。天保七年(1836)頃に成立か。

「平家物語」軍記物語。作者未詳。鎌倉時代の成立か。

「北窓瑣談」随筆。橘南谿著。江戸後期成立。

「北国奇談巡杖記」随筆。鳥翠台北茎著。文化四年(1807)刊。

「発心集」説話集。鴨長明編著。鎌倉前期成立。

「水鏡」歴史物語。著者未詳。十二世紀末ごろの成立。

「楽郊紀聞」随筆。中川延良著。安政七年(1860)の跋文あり。

以上

歌川豊国「鴉の介科（みぶり）」

あとがき

俗に「鳥獣虫魚」という。

「この順序の通り、本にしてみよう」と一気呵成に書き上げ、工作舎さんに原稿をお渡しした。

ところが、著者の思いもよらぬ同社の深謀遠慮によって、刊行順は、獣(『十二支妖異譚』『十二支外伝』)、虫(『蟲虫双紙』)、魚(『幻談水族巻』)となった。

残ったのは、鳥の本。

果たして本書が、鳥獣虫魚の「最後の切り札」に相応(ふさわ)しい出来になったかどうか。

「雉も鳴かずば撃たれまい」と言われるのを怖れております。

上方文化評論家　福井栄一

著者紹介

福井栄一［ふくい・えいいち］

上方文化評論家。一九六六年、大阪府吹田市生まれ。京都大学法学部卒。京都大学大学院法学研究科修了。法学修士。四條畷学園大学看護学部客員教授、京都ノートルダム女子大学国際言語文化学部非常勤講師、関西大学社会学部非常勤講師。朝日関西スクエア・大阪京大クラブ会員。上方の芸能や歴史文化に関する講演、評論、テレビ・ラジオ出演など多数。剣道二段。著作に、『十二支妖異譚』『十二支外伝』『解體珍書』『蟲虫双紙』『幻談水族巻』『本草奇説』（以上工作舎）、『名作古典にでてくるさかなの不思議なむかしばなし』（汐文社）、『現代語訳 近江の説話』（サンライズ出版）、『説話と奇談でめぐる奈良』（朱鷺書房）、『大山鳴動してネズミ100匹』をはじめとする十二支シリーズ（技報堂出版）、『説話をつれて京都古典漫歩』（京都書房）、『増補版 上方学』（朝日新聞出版）、『おはなしで身につく四字熟語』（毎日新聞社）、『子どもが夢中になる「ことわざ」のお話100』（PHP研究所）、『古典とあそぼう』シリーズ（子どもの未来社）、『しんとく丸の栄光と悲惨』（批評社）、『おもしろ日本古典ばなし115』（子どもの未来社）、『にんげん百物語 誰も知らない からだの不思議』（技報堂出版）、『小野小町は舞う 古典文学・芸能に遊ぶ妖蝶』（東方出版）、『鬼・雷神・陰陽師 古典芸能でよみとく闇の世界』（PHP研究所）等がある。著作は本作で四十冊以上。 http://www7a.biglobe.ne.jp/~getsuei99

鳥禽秘抄（ちょうきんひしょう）

発行日――二〇二三年六月二〇日発行
著者（編・現代語訳）――福井栄一
編集――米澤敬
エディトリアル・デザイン――佐藤ちひろ
印刷・製本――シナノ印刷株式会社
発行者――岡田澄江
発行――工作舎　editorial corporation for human becoming
〒169-0072　東京都新宿区大久保2-4-12　新宿ラムダックスビル12F
phone：03-5155-8940　fax：03-5155-8941
URL：www.kousakusha.co.jp
e-mail：saturn@kousakusha.co.jp
ISBN978-4-87502-555-9

化けの皮に包まれたい◉工作舎の本

十二支妖異譚

福井栄一

神話や伝説、民話、読本、歌舞伎のあちらこちらで、祟って、化けて、報恩する動物たち。万人に親しまれている十二支が、異様で、愛らしい貌をあらわす物語集。

●B6判変型フランス装●300頁
●定価 本体1800円＋税

解體珍書

福井栄一

いちばん身近で、いちばん不可解…「人体」にまつわる怪談·奇譚·珍談を、古典文学から集成。妖しくて愉しいカラダのフシギをときあかす。

●B6判変型フランス装●188頁
●定価 本体1600円＋税

蟲虫双紙

福井栄一

古代から近世まで、「虫」にまつわる日本の伝承や奇譚を精選。気味が悪くも、どこか愉快な虫たちの逸話の群れは、現代人の常識をあっさり飛び越える。

●B6判変型フランス装●218頁
●定価 本体1700円＋税

幻談水族巻

福井栄一

それは魔物の化身か、神仏の使者か。鮑や鯛、亀など水にゆかりの深い生き物たちの奇譚を古典から精選。くろぐろとした水底に潜む不思議をすくい上げる。

●B6判変型フランス装●224頁
●定価 本体1700円＋税

十二支外伝

福井栄一

十二支ばかりがなぜ偉い。猫や狐に鯨、はたまた獅子や人魚まで、十二支になれなかった動物たちの怪異譚を収集。波乱万丈、奇妙奇天烈、夢の舞台の幕が開く。

●B6判変型フランス装●448頁
●定価 本体2400円＋税

本草奇説

福井栄一

邪を避ける桃、人をうむ竹、死者を引きとめる梅。草や花や木にまつわる、奇妙で滑稽な怪奇譚。古事記から、あまり知られていない説話まで45の短編が大集合。

●B6判変型フランス装●176頁
●定価 本体1800円＋税